U0237189

Photoshop核心技能

李杰臣 编著

——抠图、修图、调色、合成、特效

人民邮电出版社

北京

图书在版编目（ＣＩＰ）数据

Photoshop核心技能：抠图、修图、调色、合成、特
效 / 李杰臣编著. -- 北京：人民邮电出版社，2016.4（2021.7重印）
ISBN 978-7-115-41086-3

Ⅰ．①P… Ⅱ．①李… Ⅲ．①图象处理软件 Ⅳ.
①TP391.41

中国版本图书馆CIP数据核字(2015)第283731号

内 容 提 要

　　《Photoshop 核心技能——抠图、修图、调色、合成、特效》是一本以图像处理和商业设计为主线的软件技术类图书。本书针对 Photoshop 中的抠图、修图、调色、合成和特效 5 大核心功能进行讲解，让读者在学习到软件基础知识的同时，更能掌握图像处理和商业设计的精髓。本书的内容安排非常灵活，读者既可以根据需要有选择地阅读书中的某个章节，又可以从最基本开始，按顺序阅读。全书分为了 16 个章节，包含修图与设计基础、Photoshop 基础知识、抠图、修图、调色、合成、特效、风景照片处理、人像照片处理、网店照片处理、插画设计、传统媒体广告设计、商业海报设计、电商广告设计、移动 UI 界面设计和网页设计等内容。

　　本书适合于广大 Photoshop 初学者，以及有志于从事平面设计、插画设计、网页制作等工作的人员使用，也适合于中、高等院校相关专业的学生参考阅读。

◆ 编　　著　李杰臣
　　责任编辑　刘　博
　　责任印制　沈　蓉　彭志环

◆ 人民邮电出版社出版发行　　北京市丰台区成寿寺路 11 号
　　邮编　100164　　电子邮件　315@ptpress.com.cn
　　网址　http://www.ptpress.com.cn
　　固安县铭成印刷有限公司印刷

◆ 开本：787×1092　1/16
　　印张：17.75　　　　　　　2016 年 4 月第 1 版
　　字数：465 千字　　　　　2021 年 7 月河北第 8 次印刷

定价：69.00 元

读者服务热线：（010）81055256　印装质量热线：（010）81055316
反盗版热线：（010）81055315

　　Photoshop是Adobe公司旗下最为出名的图像处理软件之一，它是集编辑修改、图像制作、广告创意，图像输入与输出于一体的图形图像处理软件。虽然Photoshop功能非常强大，但是对很多初次使用Photoshop的人来说，如何使用Photoshop来抠取图像、调整图像的颜色、进行图像的修复与合成呢？带着这个问题，我们来学习《Photoshop核心技能——抠图、修图、调色、合成、特效》一书。

　　本书从初学者的角度出发，针对Photoshop中的抠图、修图、调色、合成和特效5大核心功能进行讲解，帮助读者快速掌握Photoshop中的主要核心功能以及这些功能在处理图片和做各类商业设计时的具体应用方法，轻松成为处理图片的全能高手。

本书结构

　　本书根据读者的实际需求，采用循序渐进的讲解方式详细介绍了Photoshop中的抠图、修图、调色、合成和特效5个主要功能，全书共分为16个章节。

　　第1章是修图与设计基础，讲解了设计的概念、颜色模式、文件格式等功能，为后面的学习奠定基础；

　　第2章是Photoshop中的基础知识，主要讲解Photoshop的界面构成、工作区的设置、文件的基础操作以及Photoshop的常用核心功能；

　　第3章是抠图，主要介绍了常用抠取规则和不规则图像的工具、选区的调整等；

　　第4章是修图，主要介绍了常用的修瑕疵、修光影、修形工具；

　　第5章是调色，围绕Photoshop中的明暗及色调调整功能进行讲解；

　　第6章是合成，主要介绍如何快速完成图像的合成，蒙版和通道在合成图像中的应用；

　　第7章是特效，主要介绍常用的滤镜以及这些滤镜的使用方法等；

　　第8章至第16章为典型商业实战项目，分别选择了具有代表性的风景照片处理、人像照片处理、网店照片处理、插画设计、传统媒体广告设计、商业海报设计、电商广告设计、移动UI界面设计、网页设计。

本书特点

　　◎本书全面讲解了Photoshop的实用功能，仔细深入地解析抠图、修图、调色、合成、特效5大核心功能，并对每个功能所用到的工具、操作方法、具体应用都做了详细的介绍，逻辑清晰。读者经过学习，能够熟练运用Photoshop解决问题。

　　◎本书结构清晰，由浅入深的方式让读者知道了Photoshop可以做什么，然后在其基础上进一步介绍Photoshop的基础知识和常用工具，接着到对本书重点抠图、修图、调色、合成、特效5大核心功能进行深入讲解，最后运用结合实例巩固基础知识，这种层层深入的讲解方式适合于所有想学习Photoshop的读者。

　　◎案例典型选择了大量的商业案例，包括传统媒体广告设计、海报设计、插画设计、网页设计等，从真正的实际工作项目入手，带者问题出发，仔细分析并学习商业设计的创作构图及设计流程。

◎本书体例丰富，在书中穿插了很多图片处理技巧，帮助读者学习到更多实用性的软件基础。

本书提供了丰富的配套资源，包括书中所有案例所有的素材、源文件以及教学视频，可以帮助读者快速掌握和学习书中内容，读者可到人民邮电出版社教学服务与资源网（www.ptpedu.com.cn）上免费下载。

本书力求严谨细致，但由于作者水平有限，时间仓促，书中难免存在疏漏和不妥之处，读者可以通过登录www.epubhome.com为我们提出宝贵意见，或加入读者服务QQ群111083348与我们联系，让我们共同探讨，共同进步。

编者

2015年12月

目录 Contents

Chapter 01

设计基础

要想学好处理图像和做商业设计，首先需要了解什么是设计，设计包含了哪些重要元素等。对于初学者来讲，掌握一些与图片处理、商业设计相关的基础知识，可以帮助我们在具体的商业实战完成出色的作品设计。

本章中主要会对设计基础知识、图片处理和做商业设计相关概念以及Photoshop的常见用途做一个简单的介绍，通过学习，读者能够更清晰地了解何为设计、构成设计的点、线、面等更多有用的知识。

本章内容

1.1 设计必备知识

开始学习图像处理和平面设计之前，首先需要对一些与设计相关的知识有一定的了解，这样才能使处理出来的图像与设计作品更加出彩。下面的小节会对设计与设计的构成要素做一个简单的介绍。

1.1.1 认识设计与平面构成

平面构成是把视觉元素在二维的平面上按照美的视觉效果和力学的原理进行编排和组合，从纯粹的视觉审美和视觉心理的角度寻求组成平面的各种可能性和可行性，是关于平面设计的思维方式和平面设计的方法论。

平面构成是平面设计的思维方式，是通过研究和探索设计中的规律，达到最终设计效果的有效手段之一，因此我们也可以说平面设计是平面构成的具体应用和实施，下图展示了平面构成与平面设计的关系。

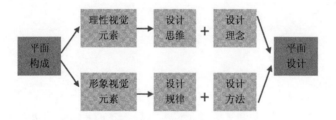

1.1.2 平面设计三大要素

平面设计作为美学中的视觉传达方式，其形式多种多样，但究其根本，平面中的造型基础都可以归纳为点、线、面的分类构成。可以说，点、线、面是构成所有平面艺术的结构元素，在有限的空间里规划与分配好这三者之间的关系，通过不同的组合方式及有序列的构成形式可赋予版面鲜活的生命力。

点、线、面是几何学中的概念，无论是平面设计中的抽象造型还是具象造成，都是由点、线、面这三大要素构成。在学习平面设计时，首先要学会分析设计中点、线、面等基本要素之间的相素关系，科学利用三者各自的特征、相互间的交织与补充，使画面能够顺应人们各方面的心理需求。

1. 点

由于点的单个视觉形象表现力不强，所以需要将它与其他元素进行组合、排列。利用点的大小、排列方向和距离的变化可以设计出活泼、轻巧等富有节奏韵律感的画面。下面的图像中，运用无数小图像作为点，对其进行叠加、堆积和聚合，让设计出的画面更具韵律感。

2. 线

点移动的轨迹形成了线，因此线通常会给人一种具有流向性的感觉。按照移动轨迹的不同，线又分为直线、曲线、折线以及三者的混合。线具有很强的表现力，在平面构成中有着十分重要的作用，因此被广泛运用到绘画或设计之中。下面的两幅作品中均可以看到线的应用。通过不同形态的线条，赋予了画面动感。

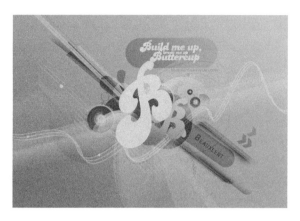

3. 面

面是由线的移动而形成的，也可以理解为在一定范围内点的扩大或聚集。由于轮廓线闭合的不同，从而会产生不同的面，线闭合产生的轮廓能给人明确、突出的感觉。如下图所示，在这三幅设计作品中，分别利用了使用不同的元素组建成平面，设置出更有新意的作品。

1.2 设计主要构成元素

图片处理和商业设计不仅需要符合大众的审美，而且要具有实用性。在传统工艺美术设计无法满足和适应当今社会发展和市场需求的前提下，图片的处理与设计更是需要秉承新的理念，利用创新的思维，设计出更具有细节、更能打动人的艺术作品。本节会对图片处理与平面设计相关的一些基本要点进行概括和介绍。

1.2.1 **图像的多种色彩模式**

图像的色彩模式是一种记录图像颜色的方式,它决定了图像在显示和印刷时的色彩数目,同时,色彩模式也是影响图像文件大小的重要因素。常见的色彩模式有灰度模式、CMYK 模式、RGB 模式、HSB 模式、Lab 模式、位图模式、索引颜色模式、双色调模式和多通道模式等。

1. 灰度模式

灰度是一种黑白的色彩模式,从 0 ~ 255 有 256 种不同等级的明度变化。灰度通常用百分比表示,范围为 0% ~ 100%,灰度最高的黑即为 100%,就是纯黑;灰度最低的黑即 0%,就是纯白。而所谓灰度色则是指纯白、纯黑以及两者中的一系列从黑到白的过渡色,它不包含任何的色相。

2.RGB 模式

RGB 色彩模式是基于光学原理的一种色彩模式,这种模式用红(R)、黄(G)、蓝(B)三色光按照不同的比例和强度混合表示。由于 RGB 色彩模式采用 RGB 模型为图像中每一个像素的 RGB 分量分配一个 0 ~ 255 范围内的强度值,因此这 3 种颜色每一种都有 256 个亮度水平值,3 种色彩相互叠加就能形成 1670 多万种颜色,这样就构成了我们这个绚丽的多彩世界。同时,RGB 模式也是视频色彩模式,如网络、视频播放和电子媒体展示都是用 RGB 模式。

3.CMYK 模式

CMYK 颜色模式代表印刷上用的 4 种油墨色,即青色(C)、品红色(M)、黄色(Y)和黑色(K)。在实际运用中,C、M、Y3 色很难形成真正的黑色,因此黑色(K)用于强化暗部的色彩。也正是由于油墨的纯度问题,CMYK 并不能够复制出用 RGB 色光创建出来的所有颜色。

4.HSB 模式

HSB 模式是一种从视觉的角度定义的颜色模式,H 表示色相,S 表示饱和度,B 表示亮度。色相指颜色的纯度,是一个 360 度的循环;饱和度是指颜色的强度和鲜艳度;亮度是指颜色的明暗程度。饱和度和亮度是以 0 ~ 100 为单位的刻度。HSB 数值中,SB 数值越高,视觉刺激度越强烈。

5.Lab 模式

Lab 模式是一种描述颜色的科学方法。它将颜色分为 3 种成分:L、a 和 b。L 表示亮度,它描述颜色的明暗程度;a 表示从深绿(低亮度值)到灰色(中亮度值)到亮粉红色(高亮度值)的颜色范围;b 表示从亮蓝色(低亮度值)到灰色到焦黄色(高亮度值)的颜色范围。Lab 颜色是 Photoshop 在进行不同颜色模式转换时内部所使用的一种颜色模式,例如从 RGB 转换到 CMYK,它可以保证在进行色彩模式转换时,CMYK 范围内的色彩没有损失。

6. 位图模式

位图模式只用黑、白 2 种颜色来表示图像中的像素,因为颜色信息少,所以位图模式下的图像尺寸小,便于处理和操作。其他模式不能直接转换为位图模式,转换到位图模式之前必须要先将其转换为灰度模式或双色调模式。

7. 索引颜色模式

索引颜色模式最多只包含 256 种颜色,索引颜色图像包含一个颜色表,信息量小,图像文件的大小也相对较小,多用于网络和动画。

8. 双色调模式

双色调模式采用彩色油墨来创建灰度级别,由双色调(2 种颜色)、三色调(3 种颜色)和四色调（4 种颜色）混合其色阶来组成图像。双色调图像只有一个通道，其他模式也不能直接转换为双色调模式，只能经由灰度模式进行转换。

9. 多通道模式

多通道模式是把含有通道的图像分割成单个的通道，这一模式能够保证图像颜色正确输出的同时降低其印刷成本，常用于特定的打印和输出。

1.2.2 图像分辨率与像素对画面的影响

像素是组成图像的基本单位，是描述图像大小的依据。每个像素都是一个独立的小方格，在固定的位置上显示出单一的色彩值，屏幕上所显示的图像都是利用这些小方格一点一点模拟出来的。

分辨率是指单位面积里所包含的像素的数目。图像的像素与分辨率是指图像文件包含细节和信息的数量。像素和分辨率是成正比的，即分辨率越高，单位面积里所包含的像素就越多，输出的画面也就越精细，放大之后图像不容易失真，能较好地保持原效果。如果分辨率较低，那么将图像放大之后图像容易失真，导致画面变得模糊，并出现锯齿状的像素块。

显示器的分辨率一般为 72dpi 或 96dpi，将图像的分辨率设置为 72dpi 或 96dpi 时在显示器上就可以清晰地显示；但是，印刷的分辨率一般为 300dpi ~ 600dpi，所以能够清晰显示的图像在印刷时往往会出现模糊和锯齿，这在输出图像需要注意。

如下左图所示为一张分辨率为 350dpi 的高像素图像，将其放大，画面效果依旧清晰，辨识度很高，而下右图虽为同样的图片，但是因为图像的像素只为 72dpi，所以将其放大后可以发现图像中出现了锯齿状的像素块。

1.2.3 常用文件格式

文件格式是指计算机在存储信息时所使用的一种编码方式，用于识别内部存储的文件和资料。对图片做的处理和设计工作，最终都会在图像文件的格式保存到计算机中，以便于编辑、修改、印刷等。常用的文件格式有 JPEG 格式、GIF 格式、PNG 格式、BMP 格式、PSD 格式、TIFF 格式等。

1. JPEG 格式

JPEG 格式是一种最为常见的图像文件格式，它支持 8 位和 24 位色彩的压缩位图格式，是一种有损压缩格式。JPEG 格式采用有损压缩的方式去除冗余的图像和彩色数据，获得极高压缩率的同时能展现十分丰富生动的图像效果。由此可见，JPEG 格式可以用最少的磁盘空间得到较好的图像质量。JPEG 格式的文件尺寸较小，下载速度快，同时支持各类不同的浏览器，是目前网络上最流行的图像格式。

2. GIF 格式

GIF 文件格式的压缩率一般在 50% 左右，所占的磁盘空间较小，目前几乎所有相关软件都支持 GIF 格式。GIF 格式最多只能用 256 色来表现对象，对于复杂的颜色不能达到很好的表现效果，但是因为这种格式文件较小，可用于动画制作、网络等。

3. PNG 格式

PNG 格式具有高保真性，存储形式丰富等特点，它兼有 GIF 和 JPEG 格式的大部分特点，采用无损压缩的方式把图像文件大小压缩到极限，既有利用于图像的传输，也能保留所有与图像品质有关的信息。PNG 格式文件显示速度快，支持透明图像的制作，不足的是它不支持动画应用效果。

4. BMP 格式

BMP 是英文键盘 Bitmap（位图）的简写，它是 Windows 操作系统中的标准图像文件格式，能够被多种 Windows 应用程序所支持。BMP 格式的特点是包含的图像信息较丰富，几乎不进行任何的压缩，因此 BMP 格式文件占用的存储空间较大，不利于网络传输。

5. PSD 格式

PSD 是 Photoshop 软件的专用格式，它将所编辑图像中的所有图层、通道、路径、参考线等都存储起来，方便在下次打开文件时进行修改。PSD 格式在存储时包含的信息较多，所以此格式存储的图像文件会比其他格式的文件要大。

6. TIFF 格式

TIFF 格式是 Mac 中广泛使用的图像格式，它的特点是图像格式复杂、存储信息多、支持透明的背景等。TIFF 格式使图像的质量得到提高，有利于原稿的复制，缺点是兼容性较差。

技巧提示：复制选区内的图像

运用选区创建工具新建选区后，按下组合键 Ctrl+J，复制选区内的图像，运用选区创建工具新建选区后，按下组合键 Ctrl+J，复制选区内的图像。

1.2.4 设计中字体、图形、色彩的运用

平面设计包括三大要素：文字、图形以及色彩。其中文字在平面设计中的重要性不言而喻，想要画面达到完美的效果，对文字的编排和选择显得尤为重要，要学会利用有限的空间将文字融合到画面中去，以不同的文字造成与排列提升画面的整体效果。

文字的基本特征主要包括了字体种类、属性和排列方式。在进行平面设计时，通过不同字体的组合排列方式，

加深画面的效果，诠释画面的意义，对画面图形起一种补充和说明作用，有时也能作为设计中的视觉元素吸引观者的眼球。如右图所示，将文字作为设计元素，以图形进行辅助，整个画面既清爽又充满活力，给人以舒适的视觉感受。

图片是完成商品设计不可获缺的一个重要设计元素，是吸引受众目光的一个重要元素，也是表达作品主题主要的视觉语言。当面对不同的商业设计时，设计师常常会根据设计作品的类型、风格等因素来选择不同类型的图片，然后在设计时，合理地对这些图片进行处理并将其应用到商业作品中，使其具有展现较强的视觉吸引力和感染力。如下面两幅图像所示，该设计以写真的摄影图片作为素材，通过对图像进行美化与修饰后将其作为主体设计元素，给人更加真实的画面感。

平面设计是视觉传达艺术中的重要组成部分，是一切商业设计的基础。色彩的运用在任意设计中都占有非常重要的地位，它包含了美学、光学、心理学等，在视觉艺术中具有特殊的美感魅力和十分重要的美学价值。色彩在设计作品中的表现不只是令画面在视觉效果上更具表现力，还有助于作品情况与内涵的表达，因此在做设计前，需要根据不同的设计主题，用更恰当的配色文字，这样才能让我们的作品更出彩。如下面两幅图像所示，为了表现某品牌汽车排量低，污染小的特点，利用了清新的蓝色和绿色，整个设计非常具有吸引力。

1.3 Photoshop 常见用途

Photoshop 是 Adobe 公司推出的一款功能强大的图形图像处理软件，它的应用非常广泛，无论是平面设计、数码艺术、网页制作、矢量绘图还是桌面排版，Photoshop 都发挥着不可替代的重要作用，下面对 Photoshop 的几个主要用途进行介绍。

1.3.1 图形图像处理

Photoshop 的出现不仅引发了印刷业的技术革命，也成为图像处理领域的行业标准。在平面设计与制作中，Photoshop 已经完全渗透到了平面广告、包装、海报、POP、书籍装帧、印刷、制版等各个环节，这些经过处理的作品，能够更大限度地满足人们对美的需求。下面两幅图像就是应用 Photoshop，处理出来的图像效果。

1.3.2 产品包装

包装的功能是保护商品、传达商品信息、方便运输和促进销售等。包装设计是产品进行市场推广的重要组成部分，包装的好坏对产品的销售起着非常重要的作用。产品的包装设计不仅需要外表的美观，更是要透过视觉语言来介绍产品的特色，吸引消费者的购买欲望。使用 Photoshop 中的图形图形编辑功能可以根据产品特点完成精美的产品包装设计，如下面两幅图像所示。

1.3.3 绘画与插画艺术设计

在现代设计领域中，绘画与插画艺术也是最具表现意味的一项设计，它与传统绘画有着非常亲近的血缘关系，许多通过手绘或电脑绘制的插画艺术作品都是借鉴传统绘画艺术的表现技法。Photoshop 中提供的绘图工具以及丰富的色彩通过插画大师之手同样可以在计算机中绘制出精美的插画设计作品，下面两幅图像所示即为使用 Photoshop 绘制的绘画与插画作品。

1.3.4 广告设计

广告是营销活动中的重要环节，是广告主以付费的方式，利用媒介对商品、品牌和企业本身的有关信息，通过强化传播形成认识，塑造事实，达到销售推广的目的。作为视觉传达的广告设计，是利用视觉符号传达出相关的信息。

现代广告的形式是多元和立体的，它可以分为报纸广告、杂志广告、画册、DM 单以及现在非常流行的电商广告等。无论什么类别的广告，它们都是一个共同的特点，那就是通过广告中的文字和图形等元素来向人们传达广告信息，下面三幅图像所示即为应用 Photoshop 制作的电影海报和产品广告效果。

1.3.5 界面设计

UI 界面设计是人与机器之间传递和交换信息的媒介。随着现在计算机、手机、数码产品、智能电子产品的普及和发展，界面设计也是成为视觉传达设计的全新领域。使用 Photoshop 中的图形绘制、图像合成、特效制作等功能，可以绘制各种风格迥异的应用程序界面，带给人愉悦的使用体验和强烈的视觉冲击。下面的两幅图像即为应用 Photoshop 设计的界面效果。

1.3.6 网页设计

在互联网盛行的今天，网络与我们的工作、生活联系越来越紧密。网页设计是在有限的屏幕空间中把多种多媒体元素进行有机组合，将理性思维、个人风格和艺术特色具性化地表现出来，使其在传达信息的同时，也带给人感官上的美的享受。

　　Photoshop 在网页设计中应用非常多，结合 Photoshop 中的图像编辑和图形绘制功能，可以创建各种不同样式、不同风格的网页效果。使用 Photoshop 制作好网站页面后，还可以将其导入到 Dreamweaver 中进行处理，再用 Flash 为页面添加动画内容，即可生成互动的网站页面。下面两幅图像都是用 Photoshop 制作出的静态的网站页面。

 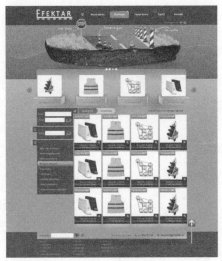

Chapter 02

Photoshop 基础知识

　　在学习使用 Photoshop 进行图像处理之前，要先对 Photoshop 中一些基本和常用的功能有一定的了解，才能让图像的处理与编辑更加容易，提高处理图像和做商业设计的工作效率。

　　本章针对与图像处理相关的 Photoshop 基础知识进行讲解，主要包括了工具、菜单、工作区、文件基础操作以及 Photoshop 的核心功能，采用了全面深入的介绍方式，让读者学到更多的软件基础知识。

本章内容

2.1 掌握 Photoshop 的操作界面

2.2 定制适合于设计师的工作界面

2.3 文件基本操作

2.4 Photoshop 常用核心功能

2.1 掌握 Photoshop 的操作界面

Photoshop 作为最为常用的图像处理和平面设计软件，它的工作界面非常人性化。我们在学习使用 Photoshop 处理图像前，要简单地认识一下它的整个操作界面的构成。在下面的小节中会对操作界面组成、常用工具、菜单、面板进行一个简单的介绍。

2.1.1 Photoshop 的界面构成

Photoshop 主要是针对位图图像进行编辑加工处理，是 Adobe 公司旗下最为出名的图像处理软件之一，集图像扫描、编辑修改、图像制作、广告创意、图像输入与输出于一体。Photoshop 具有功能强大、软件设计人性化、兼容性好等特点。启动 Photoshop CS6，可以看到如下所示的 Photoshop CS6 工作界面。它由菜单栏、工具选项栏、标题栏、工具箱、状态栏、图像窗口和面板几大部分组成。

菜单栏：在 Photoshop CC 中共包含了 11 组菜单，应用菜单栏中的命令能完成图像的大部分编辑操作

工具选项栏：选择工具箱中的不同工具会出现不同的工具选项

标题栏：显示了当前正在编辑图像的名称、显示比例等

工具箱：工具箱中所有工具的集合，可根据需要进行工具的选择

状态栏：在状态栏中包含当前打开的图像的大小以及显示比例等

图像窗口：图像窗口主要包含的是当前打开的图像

面板：用于多种操作的控制和编辑

2.1.2 工具的使用

工具箱将 Photoshop 的重要功能以图标的形式聚集在一起，用户通过工具箱中工具的形态和名称了解工具箱的主要功能。Photoshop 为工具箱中的工具配置了快捷键，让工具的选择更加方便。

默认情况下工具箱停放在窗口左侧以单列显示，将光标放在工具箱顶部双箭头位置，单击可以切换工具箱以双列的形式显示，如右图所示，单击并向右侧拖曳鼠标，可以将工具箱从窗口左侧拖出，放在窗口的任意位置。

在工具箱中除了已显示的工具外，还提供了许多隐藏工具。如果工具右下角带有一个黑色三角形图标，则表示这是一个工具组，在这样的工具上按住鼠标左键可以显示隐藏的工具；将光标移动到隐藏的工具上然后放大鼠标，即可选择隐藏的工具。下图所示即为工具箱中包含的所有工具和隐藏工具。

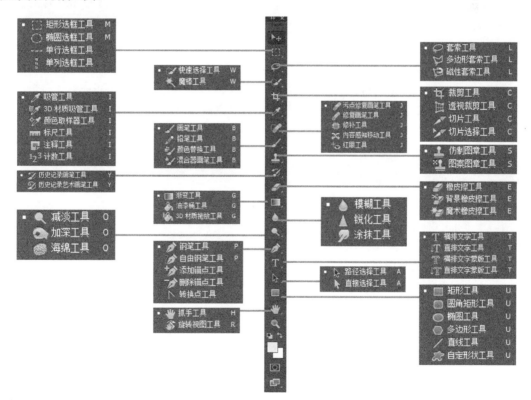

2.1.3 菜单的使用

Photoshop CC 的菜单栏由11组菜单组成，在菜单名称上单击就可以打开相开相应的下级菜单，选择后即可应用，通过菜单栏中的各项命令可完成图像的各种处理，如下图所示即为 Photoshop CC 菜单栏。

| 文件(F) | 编辑(E) | 图像(I) | 图层(L) | 类型(Y) | 选择(S) | 滤镜(T) | 3D(D) | 视图(V) | 窗口(W) | 帮助(H) |

◆ "文件" 菜单： "文件" 菜单下的命令主要用于对文件进行操作，可以新建、打开、存储、置入、关闭和打印文件等。

◆ "编辑" 菜单：用于对图像进行编辑，包括图像的还原、复制、粘贴、填充、描边、变换、内容识别和定义图案等操作。

◆ "图像" 菜单：用于对图像的颜色模式、色调、大小等进行调整和设置，在图像处理中 "图像" 菜单是最为常用的菜单之一。

◆ "图层" 菜单：用于对图层做相应的操作，包括图层的新建、复制、删除、排列等操作，便于用于更好地运用和管理文件中的图层。

◆ "类型" 菜单： "类型" 菜单为 Photoshop CC 新增的菜单命令，主要用于对创建的文字进行调整和编辑，包括文字面板的选项、文字变形、文字预览大小等。

◆ "选择" 菜单：主要用于对选区进行操作。各种选区创建工具在图像中创建选区后，执行 "选择" 菜单中的命令，可对选区进行反向、修改、变换等编辑，使选择区域更准确。

◆ "滤镜" 菜单：用于设置各种不同的特殊效果，Photoshop CC 在 "滤镜" 菜单中提供了多种命令，用于对图像进行纹理、艺术效果、渲染效果的添加，让图像效果更丰富。

◆ "3D" 菜单：用于对 3D 对象进行操作，通过 3D 菜单中的命令可以打开 3D 格式文件、将 2D 图像转换为 3D 图形、进行 3D 对象的渲染等。

◆ "视图" 菜单：用于对整个视图进行调整和设置，包括视图的缩放、显示标尺、设置参考线和调整屏幕模式等。

◆ "窗口" 菜单：用于控制工具箱和各面板的显示与隐藏。在 "窗口" 菜单中选择面板名称，就可以在工作界面中打开该面板，若要再次选择即可隐藏该面板。

◆ "帮助" 菜单：帮助用户解决操作过程中遇到的各种问题。

当用户在 "菜单栏" 中单击菜单名称后，就会弹出与之相对应的子菜单，单击不同的菜单命令会显示不同的子菜单，如右图所示，分别为弹出的 "类型" "选择" 和 "滤镜" 菜单。如果在子菜单命令右侧显示了一个倒三角形按钮，则表示在该子菜单下还包含了下一级的级联菜单。

2.1.4 常用面板简介

面板汇集了 Photoshop 操作中常用的选项和功能，在 "窗口" 菜单中提供了 20 多种面板命令，选择面板命令就可以在工作界面中打开相应的面板。利用工具箱中的工具或菜单栏中的命令编辑图像后，使用面板可进一步细致地调整各选项，将面板中的功能应用到图像中。

1."图层"面板

"图层"面板是 Photoshop 中最常用的面板，此面板主要用于编辑和管理图层，在处理图像的过程中出现的所有图层都会被罗列在"图层"面板中，如下左图所示。应用"图层"面板中可以选择不同类型的图层，也可以运用面板进行图层的创建、复制、添加图层样式、添加图层蒙版、图层混合模式的更改等。

2."通道"面板

"通道"面板用于显示打开图像的颜色信息，通过设置达到管理颜色信息的目的。不同颜色模式下的图像在"通道"面板中所显示的通道数量也不同，如下中图为 RGB 颜色模式下的"通道"面板效果。

3."路径"面板

"路径"面板用于存储和编辑路径。"路径"面板中记录了在操作过程中创建的路径，如下左图所示。通过"路径"面板可以创建新路径，也可以将绘制的选区转换为路径并显示于此面板中。

4."调整"面板

"调整"面板用于创建和编辑调整图层，可单击面板中的调整图层按钮进行调整图层的创建，也可以单击面板右上角的扩展按钮，在弹出的面板菜单中选择菜单命令创建调整图层。

5."属性"面板

"属性"面板集中了所有调整图层的设置选项和蒙版选项。在"调整"面板中单击调整命令按钮，将会弹出如下左图所示的"属性"面板，在此面板中将显示该调整图层对应的属性选项。单击"属性"面板上方的"蒙版"按钮，则可以切换至蒙版选项，如下右图所示，在蒙版选项下可以调整蒙版浓度、羽化程度等。

 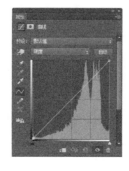 

6."颜色"面板

"颜色"面板用于设置前景色和背景色。在面板中，单击右侧的前景色色块即可对前景色进行设置，单击背景色色块即可对背景色进行设置。默认情况下以黑白色为前景色和背景色，如下左图所示。

7. "色板"面板

"色板"面板主要用于对颜色的设置。应用"色板"面板可以快速地更改前景色与背景色。要更改颜色时，将鼠标移至"色板"面板中的色块上，光标自动转换为吸管图像，如下中图所示，此时再单击色块即可将该色块颜色设置为前景色，如下右图所示。

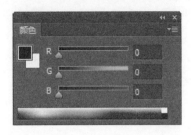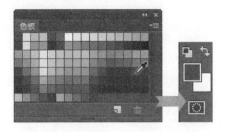

8. "样式"面板

"样式"面板提供了 Photoshop 中预设的多种样式。在编辑图时，可以通过单击"样式"面板中的样式快速对选择图层应用该样式。下左图所示为打开默认的"样式"面板，下右图所示为载入样式后的"样式"面板。

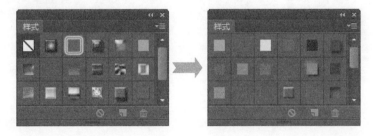

9. "动作"面板

"动作"面板可对图像应用动作，自动完成图像的处理工作，通过应用动作的方式，能够在多个图像中同时应用同一种操作，完成图像的批处理处理操作，如下左图所示为"动作"面板。

10. "历史记录"面板

"历史记录"面板会将图像编辑过程按照操作的顺序完整地记录下来，如下右图所示。若操作中出现失误需要返回之前的某种状态，就可以单击"历史记录"面板中对应的操作步骤即可。

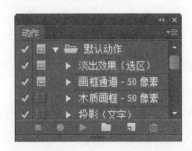

技巧提示：面板的折叠与隐藏

在面板最上方的深灰色条中单击双箭头图标，可收拢面板组，并以图标的形式显示在工作界面右侧，叠加面板后，再次单击向左的双箭头图标，可重新展开面板。

2.2 定制适合于设计师的工作界面

在 Photoshop 的工作界面中，文档窗口、工具箱、菜单栏和面板的排列方式称为工作区。Photoshop 为我们提供了适合于不同人用的预设工作区，同时，我们也可以根据个人的操作习惯设置适合于自己的工作区。

2.2.1 自定义工作界面

在运用 Photoshop 处理图像或进行平面设计时，用户可以根据需要对界面中的面板进行调整，以创建适合于个人操作习惯的工作界面。当我们对工作界面中的窗口进行调整并适合显示或组合面板以后，可以将调整后的界面存储为新的预设工作区，方便在以后的工作中，使用相同的工作区进行图形图像的处理工作。

执行"窗口 > 工作区 > 新建工作区"菜单命令，如下左图所示，打开"新建工作区"对话框，在对话框中输入新建工作区的名称并设置捕捉选项，如下中图所示，设置后单击"存储"按钮即可存储工作区，存储后的工作区会显示在"工作区"菜单顶部，如下右图所示。

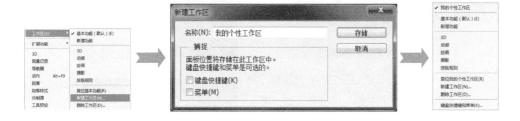

2.2.2 在预设工作区下调整布局

Photoshop 为简化某些任务而专门为用户设计了几种预设的工作区。例如，如果要编辑数码照片，可以使用"摄影"工作区。在选择该工作区以后，界面中就会显示与照片处理相关的面板。如下图所示，在"摄影"工作区中，位于工作界面右侧显示与数码照片后期处理常用的"直方图"和"调整"面板。

执行"窗口 > 工作区"下拉菜单中的命令，如下左图所示，可以切换为 Photoshop 为我们提供的预设工作区。在这些预设的工作区中，"3D""动感""绘画"和"摄影"等是针对相应任务的工作区；"基本功能（默认）"是最基本的、没有进行特别设计的工作区，如果修改了工作区，如移动了面板的位置，执行此命令就可以恢复为 Photoshop 默认的工作区；选择"CC 新增功能"工作区，各个菜单命令中的 Photoshop CC 新增功能就会显示为彩色，如下右图所示。

2.2.3 切换显示模式预览作品

在制作图像文件时，常常需要切换屏幕显示模式，从而更方便地对图像进行查看和操作。Photoshop 中提供了标准屏幕模式、带菜单栏的全屏模式和全屏模式 3 种不同的屏幕模式。默认打开文件的屏幕显示方式为标准屏幕模式，如下左图所示。在此显示模式下可以显示菜单栏、标题栏、滚动条和其他屏幕元素。单击工具箱底部的"屏幕模式"按钮，在弹出的菜单中可以选择"带有菜单栏的全屏幕模式"，选择该模式后的屏幕显示菜单栏和 50% 灰色背景，无标题栏和滚动条的全屏窗口，如下右图所示。

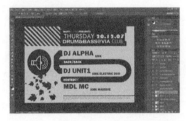

单击"屏幕模式"按钮，在弹出的菜单中选择"全屏模式"按钮，执行操作后会弹出"信息"提示框，在上面显示了面板的显示等操作，单击"全屏"按钮，就可以将图像切换至"全屏模式"显示。"全屏模式"下显示只有黑色背景，无标题栏、菜单栏和滚动条的全屏幕窗口，如右图所示。

2.3 文件基础操作

学习处理图像与做设计之前，首先需要掌握一些简单的基础操作，例如打开文件、新建文件、保存编辑的编辑等。在 Photoshop 中对于文件的基础操作，可以使用"文件"菜单实现，下面会详细讲解文件的基础操作。

2.3.1 新建文件

在 Photoshop 中不仅可以编辑一个现有的图像，也可以创建一个全新的空白文件，然后在它上面进行编辑或者将其他图像置入其中，再对其进行编辑。

执行"文件 > 新建"菜单命令或按下 Ctrl+N 组合键，打开"新建"对话框，如下左图所示。在对话框中输入文件名，设置文件尺寸、分辨率、颜色模式和背景内容等选项，单击"确定"按钮，即可创建一个空白文件，如下右图所示。

◆名称：可输入文件的名称，也可以使用默认的文件夹名"未标题 –1"。创建文件名，文件名会显示在文档窗口的标题栏中，保存文件时，文件名会自动显示在存储文件的对话框内。

◆预设/大小：提供了各种常用文档的预设选项，如照片、Web、A3、A4打印纸、胶片和视频等。例如，要创建一个 5 英寸 ×7 英寸的照片文件，可以先在"预设"下拉列表中选择"照片"，如下左图所示，然后在"大小"下拉列表中选择"横向，5×7"，如下右图所示。

◆宽度 / 高度：用于输入文件的宽度和高度。在右侧的选项中可以选择一种单位，包括"像素""英寸""厘米""毫米""点""派卡"和"列"。

◆分辨率：可输入文件的分辨率。在右侧选择可以选择分辨率的单位，包括"像素 / 英寸"和"像素 / 厘米"。

◆颜色模式：选择新建文件的颜色模式，包括位图、灰度、RGB 颜色、CMYK 颜色和 Lab 颜色。

◆背景内容：选择图像文件的背景，包括"白色""背景色"和"透明"。白色为默认的颜色，如下左图所示；"背景色"是指用工具箱中的背景色作为文档"背景"图层的颜色，如下中图所示；"透明"是指创建透明背景，如下右图所示。此时文档中没有"背景"图层。

2.3.2 打开文件

要在 Photoshop 中编辑一个图像文件，如图片素材、照片等，先要将其打开。文件的打开方法有很多种，可以使用命令打开、通过快捷方式打开，也可以使用 Adobe Bridge 打开。

1. 用"打开"命令打开

执行"文件 > 打开"菜单命令，可以弹出"打开"对话框。在该对话框中选择一个文件，如果要选择多个文件，则需要按下 Ctrl 键单击要打开的文件，如下左图所示；单击"打开"按钮，或双击文件即可将其打开，打开后的图像如下右图所示。

◆查找范围：在此选项的下拉列表中可以选择图像文件所在的文件夹。

◆文件名：显示了所选文件的文件名。

◆文件类型：默认为"所有格式"，对话框中会显示所有格式的文件。如果文件数量较多，可以在下拉列表中选择一种文件格式，使对话框中只显示该类型的文件，以便于快速查找并打开文件。

2. 用"打开为"命令打开文件

如果使用与文件的实际格式不匹配的扩展名存储文件，或者文件没有扩展名，则 Photoshop 可能无法确定文件的正确格式，导致不能打开文件。

遇到这种情况，可以执行"文件 > 打开为"菜单命令，弹出"打开"对话框，在对话框中选择文件并在"打开为"列表中为它指定正确的格式，如下左图所示，然后单击"打开"按钮将其打开。如果这种方式也不能打开文件，则选取的格式可能与文件的实际格式不匹配，或者文件已经损坏。

3. 通过快捷键方式打开

在没有运行 Photoshop 的情况下，只要将一个图像文件拖动到桌面的 Photoshop 应用程序图标上，如下左图所示，就可以运行 Photoshop 并打开该文件。

如果运行了 Photoshop，在 Windows 资源管理器中找到图像文件后，将它拖动到 Photoshop 窗口中，便可将其打开，如下右图所示。

4. 打开最后使用过的文件

Photoshop 中的"文件 > 最近打开的文件"下拉菜单中保存了我们最近在 Photoshop 中打开的 10 个文件，如下右图所示，选择其中的一个文件即可直接将其打开。如果要清除该目录，可以选择菜单底部的"清除最近的文件列表"命令。

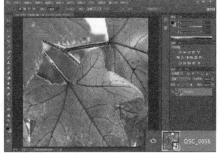

5. 作为智能对象打开

Photoshop 中可以将图像以智能对象的方式打开。执行"文件 > 打开为智能对象"命令，弹出如下左图所示的"打开为智能对象"对话框，在对话框中选择需要打开的一个文件将其打开，打开后该文件自动转换为智能对象，此时在图层缩览图右下角会有一个智能对象图标 ，如下右图所示。

2.3.3 保存文件

当我们打开一个图像文件并对其进行编辑之后，可以执行"文件 > 存储"命令，保存所做的修改，图像会按照原有的格式存储。如果是一个新建的文件，则执行该命令后会打开"存储为"对话框。

如果要将文件保存为另外的名称或其他格式，或者存储到其他位置，则应执行"文件 > 存储为"菜单命令，打开"存储为"对话框，在对话框中指定文件存储位置和存储名称，如右图所示，设置后单击"保存"按钮，存储文件。

◆ 保存在：可以选择图像的保存位置。

◆ 文件名 / 格式：可输入文件名，并在"格式"下拉列表中选择图像的保存格式。

◆ 作为副本：勾选此复选框，可以另存一个文件副本。副本文件与源文件存储在同一位置。

◆ Alpha 通道 / 图层 / 注释 / 专色：可以选择是否存储 Alpha 通道、图层、注释和专色。

◆ 使用校样设置：将文件的保存格式设置为 EPS 或 PDF 时，此选项为可用，勾选此复选框可以保存打印用的校样设置。

◆ ICC 配置文件：可保存嵌入在文档中的 ICC 配置文件。

◆ 缩览图：勾选此复选框可为图像创建缩览图。此后在"打开"对话框中选择一个图像时，对话框底部会显示该图像的缩览图。

◆ 使用小写扩展名：勾选此复选框可将文件扩展名设置为小写。

2.4 Photoshop 常用核心功能

选区是 Photoshop 的重要功能之一，利用选择可以完成精细的图像调整。选区可以控制图像编辑应用的范围，Photoshop 中提供了多个用于创建选区的工具和菜单命令，使用这些工具和菜单命令可以分别针对不同的图像应用合适的工具来创建出选区。

2.4.1 图层

在利用 Photoshop 处理图像时，几乎都会使用到图层功能。使用图层可以在不影响其他图层内容的情况下处理其中一个图层中的内容，即可把图层想象成是一张张堆叠起来的透明胶片，每一张透明胶片上都有不同的图像，改变图层的顺序和属性可以改变图像最终的画面效果。通过对图层的操作，利用图层的叠加功能可以制作出丰富多彩的效果。

1. "图层"面板

在 Photoshop 中编辑图层就是在对图层进行编辑，通过使用"图层"面板上的各种功能就可以完成图像的大部分操作，例如创建、隐藏、复制和删除图层等，还可以利用图层的混合模式改变图层上图像的效果，如添加阴影、内发光和填充颜色等。在"图层"面板中显示了图像中的所有图层、图层组和添加的图层样式等信息，执行"窗口>图层"菜单命令，即可打开"图层"面板，如右图所示，在"图层"面板中会以不同的方式将图层、图层组进行简单的区分，以便在编辑图层的过程中快速对需要编辑的区域进行选择。

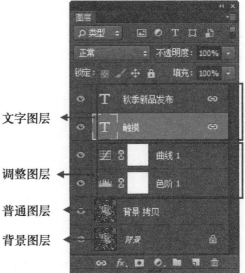

2. 图层的混合模式与不透明度

Photoshop 中根据图层混合模式和图层不透明度的功能特性，可以对包括多个图层的图像进行图像颜色的混合与叠加，从而得到多种特殊的画面效果。

在图层的应用中，通过调整图层混合模式可以对图像的颜色进行相加或相减，从而创建出各种特殊的效果。在 Photoshop 中包含了多种类型的混合模式，分别为组合型、加深型、减淡型、对比型、比较型和色彩型，根据不同的视觉需要，可以为图层选择应用不同的混合模式。在"图层"面板中，单击"设置图层混合模式"按钮，即可弹出如下左图所示的下拉列表，在该列表中对不同类型的混合模式进行了分组，在具体的操作过程中，只需要单击进行选择，即可对图层效果进行更改。

如下图所示，打开一张素材图像，我们把"背景"图层复制，得到"背景拷贝"图层，单击"图层"面板中的"设置图层混合模式"选项右侧的倒三角形按钮，在展开的下拉列表中选择"正片叠底"选项，更改图层混合模式，此时可以看到图像的颜色加深了，同时对比度也得到了提高，画面更具有视觉冲击力。

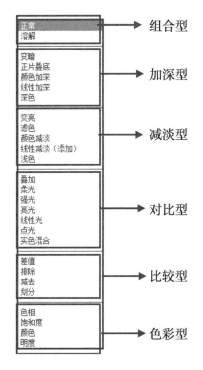

除了可以对图层的混合模式进行设定，还可以对它的"不透明度"进行设定，降低图层的"不透明度"后图层中的像素会呈现出半透明的显示效果，从而显示出下方图层中的图像，利用这一特征，在进行图像的创意合成时能够利用图层之间的混合，得到更逼真的画面效果。

单击"图层"面板中"不透明度"选项后的三角形按钮，通过拖曳滑块可以更改参数值，或直接在数值框中输入参数，也可以对选中图层的不透明度进行更改。"不透明度"的设置范围为 0~100 的数值，设置的数值越小，该图层中的图像就越淡，下面的图像分别为设置"不透明度"为 30% 和 100% 时的效果。

3. 调整图层与填充图层

调整图层与填充图层是 Photoshop 中两种比较特殊的图层，它们可以在图层上创建效果，而不改变原有图层的图像内容，即可将颜色和色调调整应用到图像中，并能对图层属性进行反复修改。

调整图层是一种用来控制画面图像色调和影调的特殊图层，它在对下层图像进行编辑的同时，不会改变源图像的效果。通过执行"图层 > 新建调整图层"菜单命令、单击"图层"面板中的"添加新的填充或调整图层"按钮或者单击"调整"面板中的按钮，都可以快速地添加调整图层。创建调整图层后，还可以应用"属性"面板对当前选中的调整图层进行相关的选项设置。

打开一幅素材图像，单击"调整"面板中的"黑白"按钮，在"图层"面板中自动创建一个"黑白 1"调整图层，如右图所示。创建调整图层以后，会同时打开"属性"面

板，在其中显示出该调整图层的相关设置选项。

在"属性"面板中对选择进行设置，即可对调整图层进行编辑，编辑图像后在图像窗口中将显示出调整后的效果，如左图所示。

与调整图层编辑方式类似的还有填充图层，通过添加填充图层，可以为图像添加单一颜色、渐变色和图案，由此来改变图像的颜色。如下左图所示，打开一幅图像，单击"图层"面板中的"创建新的填充或调整图层"按钮，在弹出的菜单中选择"渐变"命令，打开"渐变"对话框，在对话框中设置选项，如下右图所示。

单击"确定"按钮，返回"图层"面板，在面板中可看到创建了一个"渐变填充 1"图层，对图层的混合模式进行设置后，画面的颜色发生了变化，如右图所示。

2.4.2 选区

选区是 Photoshop 中的一个非常重要的概念，使用 Photoshop 处理图像时，离不开选区的设置，用户可以通过在图像中创建选区，从而选择特定区域的图像应用编辑与调整。使用选区编辑图像，可以保证编辑后的图像不对选区外的图像产生影响，这样就能更大限度地满足高品质图像的处理。

Photoshop 提供了多种不同类型的选区创建工具，主要分为规则选区和任意选区。对于规律选区的创建，主要应用选框工具来实现，Photoshop 中基本选择框工具包括了"矩形选框工具""椭圆选框工具""单列选框工具"和"单行选框工具"，使用这些工具可以创建矩形选区、椭圆形选区以及单行或单列选区，下面的四幅图像展示了用不同选框中工具创建出的选区效果。

使用选框工具只能创建较规整的选区，如果需要创建复杂的对象时就会选用套索类工具来实现。套索类工具主要用帮助用户对不规则的选区进行创建，其中包括"套索工具""多边形套索工具"和"磁性套索类工具"。使用这3个工具可以快速地选中画面中边缘较复杂的图像，从而获得更准确的选取效果。

如右图所示，打开了一张鞋子素材图像，这里我们要选择画面中的鞋子部分，单击工具箱中的"磁性套索工具"，在选项栏中设置选项后，沿图像中的鞋子单击并拖曳鼠标，即可快速地选中画面中的鞋子部分。

技巧提示：选区的调整

使用选择工具在画面中创建选区以后，可以使用选项栏中的"调整边缘"按钮，对选区的边缘做进一步的调整。单击"调整边缘"按钮，打开"调整边缘"对话框，在对话框中设置参数即可。

2.4.3 通道

通道是 Photoshop 的重要功能之一。通道应用灰度来存储图像的颜色信息和专色信息，通道中的颜色取决于该图像中每个单一色调的数量，并以灰度图像的形式来记录颜色的分布情况。通道的另一个主要功能就是存储图像的选区，方便对选区内的图像进行编辑操作。

通道用于存储不同类型图像的颜色信息，通过不同的通道可以观察到每种颜色的分布情况。Photoshop 中的通道包括复合通道、颜色信息通道、临时通道、Alpha 通道和专色通道，如右图所示为不同类型的通道在"通道"面板的显示效果，从图像上我们会发现，不同类型的通道其显示效果也有一定的区别。

1. 将通道作为选区载入

由于通道的其中一个特征就是可以存储选区，因此，如果需要对不同通道中的图像进行编辑，则可以通过载入通道选区来进行操作。将通道作为选区载入是以图像的颜色亮度值为标准，将其以选区的形式选取出来。

Photoshop 中要将通道作为选区载入，可以通道多种方法来实现。方法一是在"通道"面板中选中要载入的通道，单击面板底部的"将通道作为选区载入"按钮，载入通道选区，如下左图所示；方法二是按下 Ctrl 键不放，同时单击"通道"面板中的通道缩览图，如下中图所示将单击通道作为选区载入，载入后的效果如下右图所示。

2. 用通道管理色彩

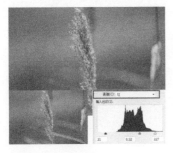

在 Photoshop 中对图像的色彩进行编辑时，实际上是对颜色通道内的图像进行编辑。颜色通道是用来描述图像颜色信息的彩色通道，每一个颜色通道都是一幅灰度的图像，它代表着一种颜色的明暗变化。因此，我们可以使用调整命令对某个颜色通道中的图像进行颜色的设置，从而达到调整画面色调的效果。如左图所示，即使用调整命令调整单个通道颜色时的图像色彩的效果变化。

2.4.4 蒙版

蒙版用于控制图层的显示区域，但并不参与图层的操作，蒙版与图层两者之间是息息相关的。在 Photoshop 中进行图像的编辑与设置时，使用蒙版可以保持画面局部的图像不变，对处理区域的图像进行单独的调整，被蒙版遮盖起来的部分不会受到改变。

蒙版是一种灰度图像，并且具有透明的特性。蒙版是将不同的灰度值转化为不同的透明度，并作用到该蒙版所在的图层中，遮盖图像中的部分区域。下图中的 3 张图像可以看出，蒙版设置的灰度级别不同，显示的图像也会随之发生变化。

为图像添加蒙版后，如可以打开"蒙版"属性面板，在面板中对蒙版做进一步的调整，这样可以在抠图与合成图像时获得更真实的画面效果。

通过双击"图层"面板中的"蒙版缩览图"，可以打开"蒙版"面板，如左图所示，在面板中对选项的设置将会影响到蒙版的作用范围和效果。

如果对创建的蒙版效果不满意，与图层一样，也可以将其删除再重新设置。Photoshop中删除蒙版的方式很简单，与删除图层的方法相近，不同的是，如果要删除蒙版，则需要单击"图层"面板中对应的蒙版缩览图，将它拖曳至"删除图层"按钮，或者也可以右击蒙版，在弹出的菜单中执行"删除蒙版"命令。

Chapter 03

选择图像是图像处理的首要操作，而抠图则是选择图像的一种具体应用形式。对于设计师来讲，抠图是必须掌握的一种技法之一，几乎所有的商业设计作品都离不开抠图的应用。设计师进行艺术设计时，通过抠取不同的图像进行组合让作品颠覆传统的视觉效果。

抠图是 Photoshop 中最为重要的技法之一，因此，在 Photoshop 中提供了针对不同图像抠取的工具或命令，在本章节中将对抠图基础知识、抠图工具以及菜单命令进行一一讲解，让读者更快更有效地掌握抠图技巧。

本章内容

3.1 抠图概述

选择是图像处理的首要工作，也是 Photoshop 最为重要的技法之一，无论是图像的修复与润饰，还是色彩与色调的调整，都与选择有着密切的关系。抠图是一个非常烦琐的过程，不但要求我们具备全面的抠图技术、丰富的经验，还需要有足够的耐心。在学习抠图前，首先我们来介绍一下什么是抠图。

在编辑图像时，我们用选区能够将对象选中，如果再将选中的对象从原有的图像中分离出来，这就是所谓的抠图。如下三幅图像所示，左图为原始素材图像，中图为通过选区选中要抠出的对象，右图则为将对象从背景中分离并抠取出来人物效果。

抠图有抠出、分离之意。在 Photoshop 中，分离对象不光会用到选区，还需要借助于图层。图层是图像的载体，就好比如我们用传统工具绘画，要将图像画在纸上一样，图层就是这种用于承载图像的"画纸"。两者不同之处是传统绘画无论水彩、素描还是其他画种，它们都是画在一张纸上。在 Photoshop 中，如果要查看到抠出的图像效果，则需要借助图层的显示与隐藏功能。如下左图所示，这张图片虽然已经将花朵抠出来了，在同时显示"背景"和抠出的"图层 1"图层时，图像效果没有发生任何变化，而右图中单击"背景"图层前的"指示图层可见性"按钮，将"背景"图层隐藏起来，这时就会只显示抠出的"图层 1"中的图像，而未抠出的图像则不再显示。

3.2 抠图的重点与难点

抠图是图像合成的重点，一般情况下，抠图只需要抠出物体整体的轮廓即可，对于这种情况下的对象抠取相对来说是很简单的，而在抠图的实际应用中，如果要抠出透明度物体和毛发，那么我们不仅需要对象大体轮廓，而且需要保证抠取对象的精细度，这样才能使后期合成效果更为逼真。

1. 透明或半透明对象的抠取

透明物体是最难抠取的对象之一。由于透明物体与背景融合度非常大，因此会为抠图带来很大的麻烦。抠取透明或半透明的对象时，其重点是不仅要抠出完整的轮廓，而且还要抠出半透明度的部分，通过半透明的图像来表现物品的通透感。对于很多人来说，要抠出物品的外形轮廓相对来说简单很多，而要抠取半透明的部分，就会是非常难的一个过程。如下左图为原始的图像，中间一幅图像是抠取出的物品效果，此图未进行半透明度图像的抠取，而右图则为抠取半透明图像后得到的效果。

2. 精细毛发及发丝的抠取

纤细的毛发和发丝是抠图的又一难点。在抠取图像中的纤细发丝时，如果图像的层次较多且和背景较贴近时，要想准确地把这些纤细的发丝部分抠取出来，显然是非常具有难度的。而抠取毛发和发丝时，最重要的一点就是要将发丝从原背景图像中完整地抠取出来，否则会造成发丝的缺失，如果抠出的图像太多，则会显示出多余的背景，使画面显得不干净。如下左图为一张人物素材照片，应用 Photoshop 中的通道抠出了人物及其飘逸的长发，放大图像时可以看到纤细的发丝都被完整地抠出来了。

3.3 选区工作模式

学习抠图，不可不知的一项知识就是选区。Photoshop 中提供了选区的创建和编辑工具，选用 Photoshop 中提供的选区工具进行选区的创建或编辑时，都会涉及选区工具模式的设置。选区的工作模式是指在创建选区时增加、减去、交换等操作，根据当前选区应用不同的工作模式将得到不同的选区区域。

Photoshop 中提供了"新选区""从选区中减去""添加到选区"和"与选区交叉"4 种工作模式，这 4 种工作模式都被显示在选区工具选项栏中，如右图所示。

◆新选区：在使用选择工具时，利用"新选区"工作模式可在图像中创建新的选区，如果之前存在选区，则原选区会被替换，如下左图所示。

◆添加到选区：使用选择工具时，选择"添加到选区"工作模式，鼠标光标会变为 形状，可以在图像中创建多个选区，如下右图所示。

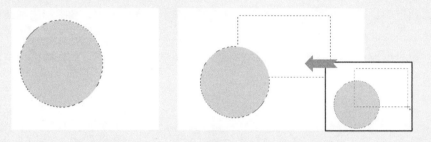

◆从选区中减去：使用选择工具时，选择"从选区中减去"工作模式，鼠标光标将变成 形状，可以在已存在的选区中减去当前绘制的选区形态，如下左图所示，如果在图像中没有选区，第一次绘制时将添加一个选区。

◆与选区交叉：选择"与选区交叉"工作模式，鼠标光标会变为 形状，可以得到新选区和已存在选区的交叉部分，如下右图所示。

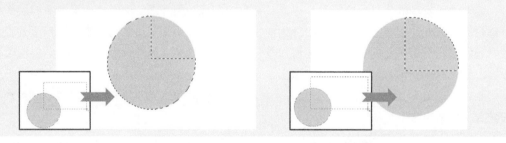

技巧提示：利用快捷键控制选区的创建

制作选区时，如果在已存在的选区中添加新选区，可以按住 Shift 键然后在需要添加的位置绘制选区；如果要从已存在的选区中减去选区，可以按住 Alt 键同时绘制需要减去的区域；如果文档中已存在选区按住 Shift+Alt 组合键可以绘制选区交叉区域。

3.4 几何形对象的抠取

在 Photoshop 中，选择几何形状对象的工具都是最基本的选择工具，应用这些工具可以快速地选取图像中外形相对简单一些的对象。常用的几何形对象选择工具包括了矩形选框工具、椭圆选框工具以及单行／单列选框工具，下面详细介绍这些工具的使用方法。

3.4.1 矩形选框工具

"矩形选框工具"能够创建矩形选区，适用于选择矩形或正方形的对象，如门、窗、画框、屏幕等对象的选区，也可以用于创建网页中的矩形按钮。单击工具箱中的 "矩形选框工具"按钮，会显示如下图所示的"矩形选框工具"选项栏，在选项栏中可以对各参数进行设置，以绘制出更合适的选区。

在使用"矩形选框工具"创建选区的同时，按下空格键拖动鼠标可以移动选区。将选区移动到新位置后，如果还需要继续调整选区的大小，可松开空格键，然后拖曳鼠标进行调整。

◆**选取方式：**在图像中已经完成绘制选区的情况下，可以通过选取方式中的按钮进行添加或减去选区。

◆**羽化：**通过建立选区和选区周围像素之间的转换来模糊边缘，可通过在文本框中输入羽化值来控制羽化范围，下面分别为设置不同羽化值创建的选区效果。

◆**样式：**用于设置选区的形状。在下拉列表框中有3个选项，"正常"选项为系统默认形状，以鼠标的拖曳轨迹指定矩形选区，若选择"固定比例"选项，则可以设置选择的宽度和高度之间的比例，如下左图所示；若选择"固定大小"选项，则可以输入数值，绘制固定大小的选区，如下右图所示。

◆**调整边缘：**单击"调整边缘"按钮，如下左图所示，即可打开"调整边缘"对话框，在对话框中可对选区边缘的半径、对比度、平滑、扩展/收缩等选项进行设置，如下中图所示，设置后即可根据输入选项调整选区，如右图所示。

打开一张素材照片，在这里我们需要把中间的画框部分抠取出来，单击工具箱中的"矩形选框工具"按钮，选中工具，将鼠标放置在画面上，当鼠标指针显示为+时，单击并沿对角线方向拖曳鼠标，释放鼠标后创建矩形选区，再单击选项栏中的"从选区中减去"按钮，在创建的选

区内再单击并拖曳鼠标，继续绘制选区，按下快捷键 Ctrl+J，就可以抠出图像，此时将"背景"图层隐藏，可以查看到抠出的边框效果，如下图所示。

抠出图像后，我们可以把抠图的对象应用到另外的图像之中，完成图像的拼合处理，如右图所示，把抠出的相框添加到素材照片中，制作出更漂亮的画面效果。

技巧提示：更多矩形选区的绘制

　　选择"矩形选框工具"，按住 Alt 键单击并拖曳鼠标，能够以单击点为中心向外创建矩形选区，选区的宽度和高度可以灵活调节；按住 Shift 单击并拖曳鼠标，可以创建正方形选区；按住 Shift+Alt 键单击并拖曳鼠标，可以以单击点为中心向外创建正方形选区。

3.4.2 椭圆选框工具

　　"椭圆选框工具"可以创建椭圆形和圆形选区，适当于选择蓝球、乒乓球、盘子等圆形对象。在工具箱中选择"椭圆选框工具"后，会显示与"矩形选框工具"相类似的椭圆形选项，如下图所示。"椭圆选框工具"的使用方法与"矩形选框工具"的使用方法相同，只需要按下工具箱中的"矩形选框工具"按钮不放，在弹出的隐藏工具中选择"椭圆工具"，然后在图像中单击并拖曳，就可以创建选区效果。

打开一张美食类素材图像，从图像上分析画面中的盘子为椭圆形，因此可以选用"椭圆选框工具"来抠取，单击工具箱中的"椭圆选框工具"按钮，沿画面中的盘子单击并拖曳鼠标，当出现的虚线框框选住整个盘子对象时，释放鼠标，创建选区，选取盘子及食物对象后，按下快捷键 Ctrl+J，复制选区内的图像，此时会复制选区内的图像并生成一个新的图层，单击原"背景"图层前的"指示图层可见性"按钮，隐藏图层即会显示抠取对象，具体操作如下图所示。

3.4.3 单行和单列选框工具

"单行选框工具"和"单列选框工具"是两个比较特殊的工具，它们只能创建高度为1像素的行，或者宽度为1像素的列状矩形选区。

选择"单行选框工具"或"单列选框工具"后，只需要在画面中单击即可创建选区。在放开鼠标按键前，可拖动鼠标移动选区。如下左图所示为创建的单行选区，如下中图所示为创建的单列选区。在图像中创建单行或单列选区后，单击选项栏中的"添加到选区"按钮■，或者是按下Shift键的同时在图像中单击，可以创建出多条单行或单列选区效果，如下右图所示即为创建的多行单列选区效果。

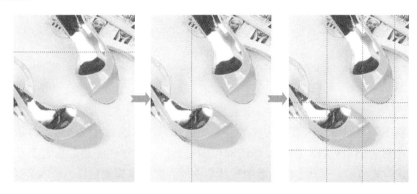

3.5 非几何形对象的抠取

前面学习了抠取几何形对象时常用的几个工具，在实际的抠图过程中，很多被抠取的对象外形并非是单一的几何形，相较于这些非几何形对象的抠取就要更为复杂一些。Photoshop提供了类似于套索工具、多边形套索工具和钢笔工具等非几何形对象抠取工具，使用这些工具可以完成外形更为复杂的对象的抠取。

3.5.1 套索工具

使用"套索工具"可以徒手绘出比较随意的选区，它适合于边缘较柔和的对象的抠取。选择"套索工具"后，单击并拖曳鼠标即可创建选区，将光标移至起点处释放鼠标可封闭选区，如下左图所示。如果没有移动至起点处就释放鼠标，则Photoshop会在起点与终点处连续一条直线来封闭选区，如下右图所示。

打开一张素材图像，我们需要从这张打开的照片中将白色的鞋子抠取出来，单击工具箱中的"套索工具"按钮 ⌔，在选项栏中设置"羽化"值为 3，然后在需要选择的白色鞋子边缘处单击，并按住鼠标沿鞋子的边缘进行拖曳绘制，当起点与终点重合后，单击鼠标闭合选区，选取图像，如下图所示，选择图像后要将选取的对象抠取出来，单击"图层"面板中的"添加蒙版"按钮 ▣，添加蒙版，显示抠出的图像效果。

3.5.2 多边形套索工具

多边形套索工具可以创建由直线构成的选区，适合选择边缘为直线的对象。选择"多边形套索工具"后，在对象的边缘各个拐角处单击即可创建选区。由于"多边形套索工具"是通过在不同区域单击来定位直线的，因此，在画面中连续单击时，即使是释放鼠标，也不会像"套索工具"一样自动封闭选区。如果需要封闭选区，需要把光标移至起点处单击，或者在任意位置双击结束绘制，Photoshop 才会在双击点和起点之间创建直线来封闭选区。如下图所示，打开一张素材图像，单击工具箱中的"多边形套索工具"按钮 ▽，将鼠标移到要抠取的化妆品图像边缘位置，连续单击鼠标，绘制出一个多边形，双击鼠标，即可自动闭合多边形路径并获得选区。

绘制选区以后，把需要的产品图像选中，按下快捷键 Ctrl+J 键，复制选区内的图像，此时在"图层"面板中会生成一个"图层 1"图层，如下图所示，单击"图层 1"图层前的"指示图层可见性"按钮 ◉，查看抠出的产品效果。

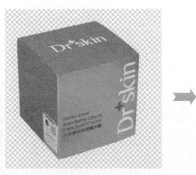

技巧提示：多边形对象的选择

使用"多边形套索工具"绘制选区的过程中，如果按下 Shift 键单击鼠标，可以以水平、垂直或以45度角为增量进行绘制；如果想要创建类似于"套索工具"一样的手绘效果的自由选区，可以按住 Alt 键单击并拖曳鼠标；如果在操作时绘制的直线不够准确，可以按下 Delete 键删除。

3.5.3 钢笔工具

在 Photoshop 中，钢笔是最为准确的抠图工具，它具有良好的可控性，能够按照我们描绘的范围创建平滑的路径，边界清楚、明确，它适合于选择边缘光滑、外形复杂的对象。"钢笔工具"是一种矢量绘图工具，也是一种非常实用的抠图工具。使用"钢笔工具"抠图包括两个阶段，首先是在对象边界布置锚点，这一系列的锚点自动连接而成为路径，将对象的轮廓划定，在绘制完轮廓之后，需要把路径换为选区，选中对象。

选择"钢笔工具"后，在选项栏中出现如下所示的工具选项，利用这些选项设置，可以调整绘制的路径效果。

◆绘制模式：用于选择图形的绘制模式，包括了"形状"、"路径"和"像素"3 种绘制模式，其中"像素"模式不可用，默认选择"路径"模式，则会只创建路径，并在"路径"面板中显示路径缩览图，如下左图所示；选择"形状"模式可以创建路径，并用前景色填充路径，如下右图所示。

◆选区：当选择"路径"绘制模式时，单击"选区"按钮，会打开"建立选区"对话框，如下左图所示，在对话框中设置参数，会将绘制的路径转换为选区，如下右图所示。

◆形状：选择"路径"绘制模式时，单击"形状"按钮，会将绘制的路径转换为图形，并在"图层"面板中创建对应的形状图层，其作用效果与选择"形状"绘制模式相同。

◆路径操作：用于选择路径的组合方式，单击"路径操作"按钮，打开对应的下拉列表，在该列表中即可选择路径操作选项，选择"合并形状"选项，绘制的新路径会添加到现有路径区域中；选择"减去顶层形状"选项，绘制的新路径会从重叠路径区域中减去；选择"与形状区域相交"选项，得到的路径为新路径与现有路径相交的区域；选择"排除重叠形状"选项，可以合并路径中排列重叠的区域，下面四幅图像分别为在不同路径操作方式下绘制的图形效果。

◆ 路径对齐方式：单击该按钮，在展开的列表中可以为选择路径指定对象方式。

◆ 路径排列方式：单击该按钮，在展开的列表中可以为选择路径的排序顺序进行调整。

◆ 几何体选项：单击"几何体选项"按钮，会打开"几何体选项"面板，在该面板中提供了一个"橡皮带"复选框，勾选该复选框后，在绘制路径时可以根据鼠标移动的位置绘制出橡皮带效果，如下两幅图分别为勾选和未勾选"橡皮带"复选框时的效果，其中左侧勾选后绘制时显示出了皮带效果，而右图则没有。

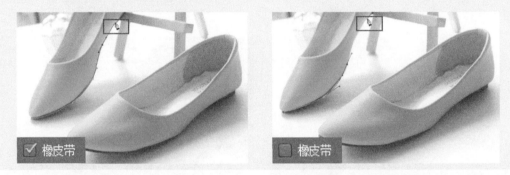

打开一张素材图像，单击工具箱中的"钢笔工具"按钮 ✐ ，将光标移到杯子的边缘位置，单击鼠标添加路径锚点，然后在边缘另一位置单击添加第二个路径锚点，用直线连接两个锚点，继续在另一位置单击添加第三个路径锚点，并按住左键不放拖曳鼠标，绘制曲线路径，经过反复的单击并拖曳操作，绘制封闭的工作路径，把画面中的杯子轮廓选取出来，具体操作如下图所示。

完成路径的绘制后，将整个要抠取的图像添加到路径中，打开"路径"面板，在面板中会显示路径缩览图，单击"路径"面板中的"将路径作为选区载入"按钮▦，把路径转换为选区，再按下快捷键 Ctrl+J，就可以把选区中的图像抠取出来，如右图所示。

技巧提示：选区与路径的转换

绘制路径后，按下快捷键 Ctrl+Enter 或单击"路径"面板中的"将路径作为选区载入"按钮▦，可以将路径转换为选区；如果需要把选区转换为路径，则单击"路径"面板中的"从选区生成工作路径"按钮。

3.5.4 文字选区

Photoshop 中的工具箱内提供了两个特别的文字工具，即"横排文字蒙版工具"和"直排文字蒙版工具"，它们不能创建文字图层，但却可以生成文字选区。如下左图所示为使用"横排文字蒙版文字工具"输入的文字，右图则为使用"横排文字蒙版工具"创建的文字选区。

"横排文字蒙版工具"与"直排文字蒙版工具"的使用方法完全相同，选择其中的一个工具后，在文档窗口中单击，画面中会出现一个光标插入点，此时即可输入文字。在文本输入状态下，单击工具箱中的"创建文字变形"按钮▦，还可以打开"变形文字"对话框，如下左图所示，在对话框中选择一种变形样式，对文字选区进行变形处理，如下右图所示。完成文字输入后，单击工具选项栏中的"提交"按钮，或者选择其他工具，即可退出文字编辑状态，并把输入的文字转换为选区。

将输入的文字转换为选区后，就会把文字选区内的图像选中，同样，我们也可以把这些选择的文字图像通过复制的方式抠取出来，如下图所示，对于抠出的图像，能够为其设置不同的图混合模式以及添加各种不同的样式，使选区内的图像效果更加美观。

3.6 智能化的抠图工具

Photoshop 中的抠图工具除了前面介绍和一些基础抠图工具，还有些更为智能化的抠图工具，例如磁性套索工具、快速选择工具、魔棒工具、"色彩范围"命令。这些工具都具有自动区别图像边界的功能，比普通的选框工具更为强大，可以快速抠取外形更为复杂的对象。

3.6.1 磁性套索工具

"磁性套索工具"能够自动检测和跟踪对象的边缘，可以快速地选择边缘复杂且与背景对比强烈的对象。选择"磁性套索工具"后，只需要在对象的边缘单击，然后沿对象边缘拖曳鼠标即可创建选区，同时 Photoshop 会根据光标处放置的锚点来定位和连接选区，并自动让选区与对象的边缘对齐。

使用"磁性套索工具"选择图像时，可以利用工具选项栏中的"宽度""对比度"和"频率" 3 个选项来控制选择对象的精细度，如下图所示即为"磁性套索工具"选项栏。

| 羽化: 0 像素 | ✓ 消除锯齿 | 宽度: 10 像素 | 对比度: 10% | 频率: 57 | | 调整边缘... |

◆宽度：用于设置检测的范围，以像素为单位，范围为 1 像素 ~ 256 像素。"宽度"值决定了以光标中心为基准，其周围有多少个像素能够被工具检测到，如果选择对象的边界清晰，可以设置较大的"宽度"值，如下左图所示，如果对象边缘不是特别清晰，则需要设置一个较小的宽度值，以便于 Photoshop 能够准确地识别边界，如下右图所示。

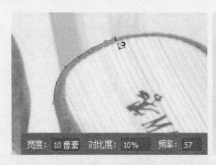

◆对比度：用于设置边界的灵敏度，它决定了对象与背景之间的对比度为多大时才能被工具检测到，设置的参数 1% ~ 100% 之间，当设置的数值较高时只能检测到背景对比鲜明的边缘，如下左图所示，设置较低的数值时则可以检测对比不太鲜明的边缘，如下右图所示。

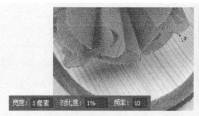 

◆频率：用于设置生成锚点的密度，它决定了磁性套索工具以什么样的频率设置锚点，它的设置范围为0%~100%，设置的值越高，产生的锚点速度就越快，数量也就越多。如下左图所示为设置"频率"为5时绘制的路径，右图为设置"频率"为80时绘制的路径。

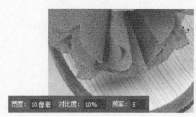 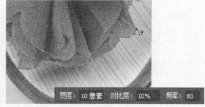

打开一张素材图像，在工具箱中单击"磁性套索工具"按钮，选择"磁性套索工具"，在显示的选顶栏中设置"宽度"为20像素，"对比度"为40%，"频率"为70，将光标放在裙子边缘，单击鼠标定义选区的起点，然后放开按键沿着连衣裙轮廓拖曳鼠标，Photoshop会紧贴轮廓线放置一些固定的锚点，当光标的终点与起点重合时单击，就会自动创建出闭合的选区，选中画面中的连衣裙部分，如下图所示。

技巧提示：更多矩形选区的绘制

运用"磁性套索工具"创建选区时，可以按下中括号键来调整工具的检测宽度。按下右中括号键"]"可将磁性套索边缘检测宽度增大1px；按下左括号键"["可将宽度调小1px；按下快捷键Shift+]键可将检测宽度设置为最大值，即256px；按下快捷键Shift+]键可将检测宽度设置为最小值，即1px。

3.6.2 快速选择工具

"快速选择工具"能够利用可调整的圆形画笔笔尖快速"绘制"选区，并且在使用此工具拖曳选择图像时，选区还会向外扩展并自动查找和跟随图像中定义的边缘。在创建选区时，可根据选择对象的范围来调整画笔的大小，从而更有利用于准确地选取对象。

选择工具箱中的"快速选择工具"后，会显示如下图所示的"快速选择工具"选项栏。在选项栏中可利用"画笔"面板调整画笔的笔触大小、选区的运算方式等。

◆选择运算按钮：用于设置选区计算方式，单击"新选区"按钮 ，如下左图所示，可创建一个新的选区；单击"添加到选区"按钮，可在原选区的基础上添加绘制的选区 ，如下中图所示；单击"从选区减去"按钮 ，可在原选区的基础上减去当前绘制的选区，如下右图所示。

◆画笔：单击"画笔"选项右侧的倒三角形按钮，会打开"画笔"下拉面板，如下左图所示，在该面板中能够选择画笔笔尖形状，设置画笔大小、硬度和间距，如下右图所示为调整画笔绘制选区效果。

◆对所有图层取样：勾选该复选框，可基于所有图层来创建选区。

◆自动增强：勾选该复选框，可以自动将选区向图像边缘进一步流动并应用一些边缘调整，进而减少选区边界的粗糙度和锯齿。

打开一张素材图像，在打开的图像中我们要把画面中的茶壶抠取出来，先单击工具箱中的"快速选择工具"按钮 ，在显示的"快速选择工具"选项栏中单击"添加到选区"按钮 ，然后对画笔大小进行调整，将鼠标移至画面中的位置，单击鼠标创建选区，经过连续单击扩大选择范围，选择整个茶壶部分，按下快捷键 Ctrl+J，复制并抠取出选区内的图像，具体操作方法如下。

3.6.3 魔棒工具

"魔棒工具"是一种基于色调和颜色差异来构建选区的工具。它的使用方法非常简单，只需要在图像上单击，Photoshop 就会选择与单击点色调相似的像素。当背景颜色的变化不大，需要选择的对象轮廓清楚，与背景色之间也有一定的差异时，使用"魔棒工具"就可以快速地选择对象。

选择"魔棒工具"后会显示相应的工具选项栏，在选项栏中有 4 个影响工具性能的选项，分别为"容差""消除锯齿""连续"和"对所有图层取样"，如下图所示。

◆容差：主要用于对选区的运算，默认情况按下"新选区"按钮，其他依次为"添加到选区"按钮、"从选区减去"按钮、"与选区交叉"按钮。

◆容差："容差"是影响"魔棒工具"性能最重要的选项，用于控制选择的范围大小，它决定了什么样的像素能够与选定的色调相似。设置"容差"值较低时，只选择与鼠标单击点像素非常近的少数颜色，如下左图所示；设置值越高，对选择像素相似程度的要求就越低，选择的颜色范围越广，如下右图所示。

◆连续：勾选该复选框时，将只选择相同颜色的邻近区域，系统默认此复选框为勾选状态；如果单击"连续"复选框，取消勾选，则会将图像中相同颜色的区域全部选取出来。如下左图所示为一张素材图像，勾选"连续"复选框后，在天空背景上单击，只选择其中一个窗格中的天空图像，如下左图所示；而取消"连续"复选框的勾选后，在相同的背景单击，会发现将整个天空部分选中，效果如下右图所示。

◆对所有图层取样：如果图像中包含了多个图层，那么勾选"对所有图层取样"复选框以后，可以选择所有可见图层中符合要求的像素；如果取消勾选只选择当前图层中符合要求的像素。

打开一张素材图像，在这里需要把画面中的主体对象抠取出来，单击工具箱中的"魔棒工具"按钮，设置"容差"值为 20，单击选项栏中的"添加到选区"按钮，在画面中的背景图像位置单击，创建选区，再连续单击进行图像的选择，直到把整个背景都添加到选区之间，按下键盘中的 Delete 键，删除背景抠出图像，具体操作如下图所示。

3.6.4 "色彩范围"命令

"色彩范围"命令可根据图像的颜色和影调范围创建选区，这一点与"魔棒工具"有着很大的相似之处。但此命令与"魔棒工具"相比，提供了更多的控制选项，因此更适合于高精度的图像选择。使用"色彩范围"能够非常轻松地选择某些特定的颜色，因此可以从画面中轻松地抠取出更精确的图像。

打开一个文件，如下左图所示，执行"选择 > 色彩范围"菜单命令，打开"色彩范围"对话框，如下右图所示，通过对话框中的预览图可以看到选区的预览效果。在默认情况下，预览图中的白色代表了选区范围；黑色代表了选区之外的区域；灰色代表了被部分选择的区域，即羽化区域。

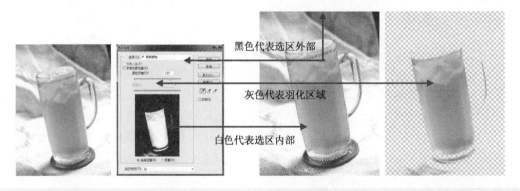

◆选择：在"选择"下拉列表中提供了几个预设的颜色和色调选项，用于选择基于图像中的取样颜色，包括了"红色""黄色""绿色""青色""蓝色""洋红""高光""中间调"和"阴影"等多个选项，如下图所示为选择不同选项时，选择的颜色范围效果。

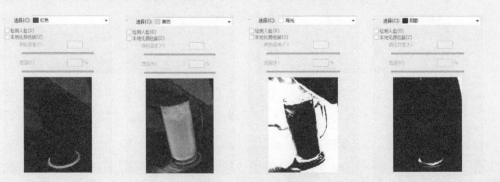

◆颜色容差：此选项用于调整选择范围内色彩范围的广度，并增加或减少部分选定像素的数量，若设置的参数值较低，则限制色彩范围；若设置的数值较高，则增大色彩范围。一般来讲，

将"颜色容差"值设置为 16 以上，就可以避免选区出毛刺边界情况，如下图所示为依次增大"颜色容差"值后的设置的选择范围。

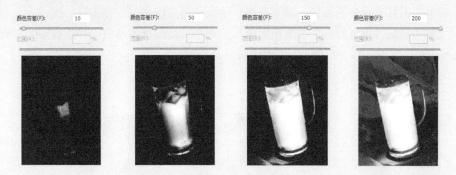

◆ **本地化颜色簇**：可以控制要包含在蒙版中的颜色与取样点的最大和最小距离，距离的大小由"范围"选项设定。当勾选"本地化颜色簇"复选框以后，Photoshop 会以取样点为基准，只查找位于"范围"值之内的图像。

◆ **选择预览方式**：用于设置预览图像窗口中的预览方式，默认情况下选择"选择范围"选项，此时在预览图中会显示黑白的选区效果，如下左图所示，其中白色区域为选中的像素，灰色区域为部分选中的像素，黑色代表未被选中的像素，随着颜色不断加深，被选中的像素就越会来越少；如果单击"图像"单选按钮，则会显示实际的图像，如下右图所示。

◆ **选区预览**：此选项用于设置预览框中将显示的图像效果，单击右侧的下拉按钮，在展开的下拉列表中进行设置。默认选择"无"选项，此时窗口中只显示图像而不显示选区的预览效果；如果选择"灰度"选项，则使用选区在通道中的外观来显示图像中的选区；如果选择"黑色杂边"选项，则完全显示实际图像的区域代表了选中的区域，黑色代表了未被选择的区域；而覆盖了一定的黑色、且不能完全显示实际图像的区域代表被部分选择的区域；如果选择"白色杂边"选项，则与"黑色杂边"相反，白色代表未被选择的区域；如果选择"快速蒙版"选项，将会显示选区在快速蒙版状态下的效果，如下图所示为依次选择不同选项的图像效果。

◆颜色取样工具：使用"色彩范围"选择对象时，可以利用对话框右侧的颜色取样工具来调整颜色的取样方式，包括"吸管工具""添加到取样工具""从取样中减去工具"。单击"吸管工具"按钮，则单击鼠标进行颜色取样，如下左图所示；单击"添加到取样工具"按钮，则在预览或图像区域单击鼠标，添加颜色，如下中图所示；单击"从取样中减去工具"按钮，则在预览或图像区域中单击鼠标，移去颜色，如下右图所示。

打开一张素材图像，执行"选择 > 色彩范围"菜单命令，打开"色彩范围"对话框，在对话框中勾选"反相"复选框，设置"颜色容差"为94，运用吸管工具在下方的预览框中单击背景区域，调整选择范围，确认后返回图像窗口中，根据选择范围创建了选区，按下快捷键 Ctrl+J，抠出了选区中的图像，具体操作如下图所示。

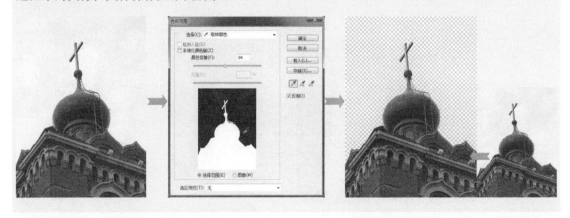

技巧提示：快速添加或减少选择范围

在使用"吸管工具"时，如果按下 Shift 键的同时单击可以将颜色添加到选区；如果按下 Alt 键的同时单击，则可以将单击的颜色排除到选区之外。

3.6.5 "调整边缘"命令

"调整边缘"命令是用于编修选区的工具，它不仅可以对选区进行羽化、扩展、收缩和平滑处理，还能有效识别透明区域、毛发等细微对象。在使用"调整边缘"命令前，首先需要先用魔棒、快速选择或"色彩范围"等工具创建一个大致的选区，再使用"调整边缘"命令对选区进行细节调整，从而选中对象。

在图像中创建选区后，执行"选择 > 调整边缘"命令，即可以打开"调整边缘"对话框，如右图所示，在该对话框中可以选用不同的视图模式显示选择的效果，还能利用调整选项，对选区边缘进行精细的设置。

◆视图模式：用于选择查看选区的方式，包括了"闪烁虚线""叠加""黑底""白底""黑白""背景图层""显示图层"7种不同的视图模式。

◆平滑：应用此选项可以减少选区边界中的不规则区域，创建更加平滑的轮廓，对于矩形选区，它可以使其边角变得圆滑，如下两幅图像分别为设置平滑效果前和设置平滑效果后的图像。

◆羽化：控制选区边缘的羽化程度，设置的范围为0～250像素。

◆对比度：可以锐化选区边缘并去除模糊的不自然感，对于添加了羽化效果的选区，增加对比可以减少或消除羽化。

◆移动边缘：用于收缩或扩展选区边界，当设置为负值时，可以收缩选区边界，当设置参数为正数时，可以扩展选区边界，下面的图像分别为设置"移动边缘"为正值和负值时抠出的图像效果。

◆输出到：用于选择选区的输出方式，单击右侧的倒三角形按钮进行选择，利用它可以决定调整后的选区是输出为当前图层上的选区或蒙版，还是生成一个新图层或文档。

打开一张素材图像，执行"图像 > 色彩范围"菜单命令，打开"色彩范围"对话框，在对话框中单击"添加到取样工具"按钮 ，勾选"反相"复选框，在小猫后方的背景处单击，调整选择范围，单击"确定"按钮后，创建选区选中图像中的小猫部分，具体操作如下图所示。

执行"选择 > 调整边缘"菜单命令，打开"调整边缘"对话框，此时从图像中可以看到选择的图像边缘有黑色的杂边，因此勾选"智能半径"复选框，然后对下方的各选项进行设置，输入"半径"为110，"移动边缘"为−30，设置后可以看到猫咪的毛发被完整地抠取出来，通过合成的图像显得更加逼真，如下图所示。

3.7 选区的调整

使用抠图工具把图像选取出来以后，为了让选择的图像更加准确还可以对创建的选区做进一步的调整。Photoshop中提供了更为完整的选区调整命令，使用这些命令可以对选区做调整，如变换选区、羽化选区等。

3.7.1 全选与反向选择

全选是指选中所有图像，使用 Photoshop 中的"全选"命令可以快速选择当前图层中的全部内容。如下图所示，打开了一张图像，执行"选择 > 全选"菜单命令，执行此命令后，我们可以发现选择了整个图像。

Photoshop 中，使用"反向"命令可以快速地反相选择图像。如果我们要选择某一对象，其本身有些复杂但背景比较简单，那么我们就可以运用逆向思维，先选择背景，再通过反向选择的方式选择对象，选中要抠取的图像。如下左图所示，使用"快速选择工具"选择画面中的其中一只鞋子图像，执行"选择 > 反向"菜单命令，选择另一只鞋子及背景。

3.7.2 选区的扩展与收缩

创建好选取之后，可以对选区进行修改操作。在 Photoshop 中运用"扩展"命令可以对选区进行扩展，即放大选区。在"扩展选区"对话框中输入准确的参数值，并单击"确定"按钮，选区即进行扩展。如下图所示，打开图像并在图像中创建选区，执行"选择 > 修改 > 扩展"菜单命令，在打开的对话框中设置"扩展量"为 50 像素，设置后单击"确定"按钮，此时创建的选区被扩大 50 像素。

Photoshop 中不但可以扩展选区，同样也可以收缩选区。在图像中创建任意选区之后，利用"收缩"命令可对选区按设置的参数值进行缩小。如下图所示，运用选择工具选中画面中的图像，执行"选择 > 修改 > 收缩"菜单命令，打开"收缩选区"对话框，在对话框中设置"收缩量"为 30 像素，并单击"确定"按钮，收缩选区效果。

3.7.3 变换选区

Photoshop 提供了矩形选框工具、椭圆选框等工具非常适合选择方形或圆形对象。然而，在我们实际生活中很少有哪些对象是标准的矩形、正方形、椭圆形或圆形。因此在选择图像时，要想准确地选中对象，还需要对选区的大小、角度、位置等进行一些调整。使用 Photoshop 中的"变换选区"命令，可以对选区进行大小、角度的调整。

如下图所示，打开一张素材图像，运用"椭圆选框工具"在画面中创建一个椭圆形选区，执行"选择 > 变换选区"命令，此时选区上即出现一个矩形形状的变换编辑框，此时可以对编辑框中的选区进行任意的缩放、旋转、变形等。

◆缩放：将光标放在一侧定界框中间的控制点上，单击并拖曳鼠标可拉长或者压扁选区，将光标放在边缘的控制点上拖曳可缩放选区，如下左图所示，如果按下 Shift 键进行拖曳，则可对选区进行等比例缩放。

◆旋转：将光标移至定界框外，单击并拖曳鼠标可以旋转选区，如下中图所示，按下 Shift 键单击并拖曳则会以 15 度的倍数为增量进行旋转。

◆斜切：将光标放在定界框一侧中间的控制点上，按下快捷键 Shift+Ctrl 单击并拖曳鼠标可以对选区进行切斜，如下右图所示。

◆扭曲：将光标放在定界框边缘的控制点上，按下 Ctrl 键单击并拖曳鼠标可以扭曲选区，如下左图所示。

◆透视：将光标放在定界框边缘的控制点上，按下快捷键 Shift+Ctrl+Alt 单击并拖曳鼠标可对选区进行透视扭曲，如下中图所示。

◆变形：将光标放在定界框边缘的控制点上，按下快捷键 Shift+Ctrl+Alt 单击并拖曳鼠标可对选区进行变形扭曲，如下右图所示。

3.7.4 羽化选区

在图像的选取过程中，可以通过"羽化"命令对已创建的选区进行边缘柔化处理，使选区的边缘更加平滑和自然。设置的羽化像素值越高，选区的边缘就越光滑。打开素材图像后，用"矩形选框工具"在画面中创建选区，如下图所示，执行"图像 > 调整 > 羽化选区"菜单命令，或按下快捷键 Shift+F6 打开"羽化选区"对话框，在对话框中设置"羽化半径"，单击"确定"按钮即可对创建的选区进行羽化处理。

3.7.5 **存储与载入选区**

Photoshop 中有很多功能都是紧密联系的。在对选区进行编辑时,合理利用"存储选区"和"载入选区"命令,可以更好地对选区进行保存和载入。

1. 存储选区

抠取一些复杂的图像往往需要花费大量的时间,为避免因断电或是其他原因造成劳动成果付之东流,应当及时保存选择,同时也会为以后使用和修改选区带来方便。在 Photoshop 中要存储选区,可以使用"存储选区"命令实现。使用选区工具创建选区后,执行"选择 > 存储选区"菜单命令,会打开"存储选择"对话框,在对话框中的"名称"文本框中输入选区名称,单击"确定"按钮,存储选区,如下图所示。

除了可以使用"存储选区"命令存储选区,也可以单击"通道"面板底部的"将选区存储为通道"按钮,将选区保存在 Alpha 通道中。存储选区后,可以在"通道"面板中显示存储的通道选区,并且可以对它的名称进行更改,如右图所示。

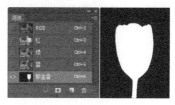

2. 载入选区

保存选区之后,如果要使用选区,可以使用"载入选区"命令把存储的选区载入。执行"选择 > 载入选区"菜单命令,打开"载入选区"对话框,其中的选项与"存储选区"对话框大致相同,在其中选择已存储的选区,单击"确定"按钮即可把选择的选区载入,如下图所示。

3.8 随堂练习——快速抠取背景单一的美甲图片

Photoshop 中提供了多个用于抠取图像的工具和命令,其中背景相对单一的图像的抠取最为简单,只需要简单的几步操作就能抠出令人满意的图像。本实例中将通过详细的操作向读者讲解如何快速抠取背景单一的图像。在后期处理时,先用"色彩范围"命令选择大致的区域,再结合"快速选择工具"对选区范围进行调整来抠取出图像。

【关键知识点】

◆ 用"色彩范围"初选图像
◆ 通过"反相"选取精细图像
◆ 使用"快速选择工具"调整选取范围

【实例文件】

素　材：
资源包 \ 素材 \03\01、02.jpg
源文件：
资源包 \ 源文件 \03\ 快速抠取背景单一的图像 .psd

【步骤解析】

01 打开图像执行"色彩范围"命

启动 Photoshop CC 应用程序，打开资源包中的素材 \03\01.jpg 素材图像，执行"选择 > 色彩范围"菜单命令，打开"色彩范围"对话框。

02 取样调整颜色容差

在打开的"色彩范围"对话框中用"吸管工具"在白色的背景上单击，设置选择范围，再将"颜色容差"选项滑块向左拖曳至 37 的位置上。

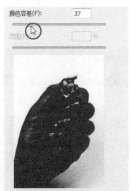

⓷添加取样范围

单击"色彩范围"对话框右侧的"添加到取样"按钮，在下方的手臂旁边单击，添加取样区，经过连续单击，使整个背景区域显示为白色，即为选中状态。

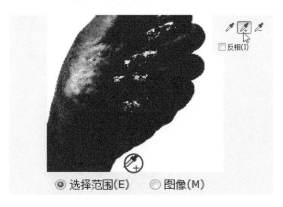

⓸设置反相选择

单击并勾选"色彩范围"对话框中的"反相"复选框，将选区与蒙版区域互换，此时可以在选区查看方式下显示预览效果。

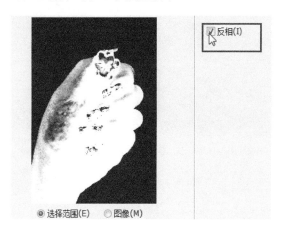

⓹创建选区

确认要选择的范围无误后，单击"色彩范围"对话框右上角的"确定"按钮，返回图像窗口，根据设置的选择范围，创建选区。

⓺用"快速选择工具"调整

选择"快速选择工具"，单击选项栏中的"添加到选区"按钮，输入画笔大小为125，在手部中间位置单击，扩大选择范围，再根据需要调整画笔大小，在画面中的手部图像上连续单击，调整选区。

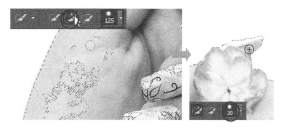

⓻抠出选区图像

将整个手部图像添加至选区，按下快捷键Ctrl+J，复制图像，抠出手，再打开02.jpg素材图像，将其复制到抠出的手部图像。

3.9 课后习题——抠出化妆品制作产品广告

学习了抠图的必备技法后，就需要将其应用到具体的实际操作中。前面对抠图的相关知识及操作技巧进行了详细的讲解，接下来就是对所学知识的巩固应用。在应用 Photoshop 抠取图像时，需要对图像进行分析，再根据不同类型的图像，选择合适的抠图工具和菜单命令，才能抠出更理想的图像。

【实例文件】

素　材：

资源包 \ 素材 \03\03.jpg

源文件：

资源包 \ 源文件 \03\ 抠出化妆品制作产品广告 .psd

【操作要点】

◆ 打开图像后，选择工具箱中的"钢笔工具"，沿化妆品图像绘制工作路径；

◆ 把绘制的工作路径转换为选区，选中画面中的化妆品对象，复制选区内的图像，抠出原图像中的化妆品；

◆ 调整抠取图像的色调，为图像添加上水花、文字等元素。

Chapter 04

修图

　　修图即修改图片，通过修图的方式能够快速修复图像中出现的各种问题、瑕疵，使图像达到更加理想的效果。随着人们审美要求的不断提升，人们对修图的要求也随之提高，因此在运用软件进行修图之前，需要对修图技法有一个全面的掌握。

　　Photoshop 作为常用修图软件，它提供了大量的修图工具和命令，在本章中会对这些常用修图工具和菜单命令进行介绍，针对不同工具的功能与特点进行仔细解析，读者经过学习，能够掌握到更多有用的修图技巧。

本章内容 - - - - - - - - - - - - - - - - - -

4.1 高质量修图的秘密

4.2 什么样的图像需要修

4.3 常用的修图工具

4.4 修整光影的常用工具

4.5 常用的修形工具

4.6 随堂练习

4.7 课后习题

4.1 高质量修图的秘密

前面介绍了抠图，接下来就需要"修"图。在打开的图像中，不可能做到每一张图片尽善尽美，它们或多或少都会存在这样或那样的小问题，对于图像中出现的各类问题，可以利用 Photoshop 中修图工具进行处理。

修图是一个非常复杂的过程，无论现在的软件多么人性化，还是不能完成对所有的图像进行修饰与美化。修图往往会花去很多的时间和精力，因此很少有人喜欢修图并热爱修图的过程。如何才能提高我们的修图速度，减少图片编辑的时间呢，归纳起来有以下几点。

1. 整理素材适当地重命名照片

在开始修图之前，首先要做的就是整理好可以或即将要"修"的图片。当我们明知道有一张极好的照片，但花了大量时间却怎么也找不出来，难免会影响心情。所以当把照片导入电脑时，最好是将照片按照个人习惯对照片进行重新命名，这样通过分门别类的方式，可以帮助我们在修图的时候，能够快速找到一张好修且适合修的图像。

如右图所示，这些照片是对同一个模特进行拍摄而获得的照片，为了方便日后我们能够快速地找到这组图片，将在照片统一整理在"小利"这个文件夹中，然后根据照片的特点进行了重新命名，此时可以看到照片根据命名序号进行了重新排列。

2. 杜绝选择困难症

整理了图像后，接下来就是要从文件夹中选择一个或多张要修的图像。选择图像是非常痛苦的事情之一，我们从素材库选择图片时会发现可以选择的图片种类虽然很多，但是真正适合用于修的图片却是少之又少。我们应该知道并不是所有的图片都能通过"修"就可以得到很不错的效果，

有些图片本身不好，即使你对它进行了修复，也还是不能达到满意的效果，所以，选择一张适合修复的片子显得尤为重要。

如右图所示，虽然原图像画面看起来很零乱，且模特皮肤上还有一些较为明显的伤疤等，但是总体来说，画面整体效果还是不错，通过后期修整后，将图像中杂乱的背景去掉，修复皮肤及鞋面上面的瑕疵，得到的图像变得干净、漂亮起来。

左图是一张外景图片，画面主要表现为日落时分的美丽海景，但是从整个图像上来看，图像中的杂物太多，无论是构图还是图像颜色，都不是很好，对于这样的图片，即使运用 Photoshop 对它进行修复与美化也不一定能达到很好的效果，因此，这张图片显然就不适合于做精修工作，或许可以选择一张更好的图片。

3. 用图层保留修图过程

我们对图像进行了修复后，如果对画面效果不满意，那么就还需要再对片子进行修改。因此在处理图像的时候，应该把整个编辑的过程利用图层的方式存储起来，方便于能够随时回头去对图像做进一步的修改，让修过之后的图像变得更加精美。如下图所示，在处理的图像中，我们运用不同的图层用于存储修后的结果，通过这些图层我们可以更清晰地知道修图的工作流程。

4. 及时地保存图像

运用 Photoshop 修图的时候，为了防止修图时因意外或断电导致图像丢失，在修图的过程中要及时将修图效果保存下来。因为，一旦软件关闭则很有可能导致我们做的所有操作都会丢失，在这个时候，如果在之前没有进行存储，那么一张图片就得又从头开始修，虽然知道具体的操作是怎么样的，但是重新修图还是会浪费掉大量的时间。在 Photoshop 中，为了完整地保留好修图过程，最好是选择以 .psd 格式存储修过之后的图像。如下左图所示，执行"文件 > 存储为"菜单命令，打开"存储为"对话框，在对话框下方的"类型"列表中确定存储格式为 psd 格式，确认后单击"确定"按钮，就会弹出存储选项对话框，如右图所示，确认设置就能存储修整的图像。

4.2 什么样的图像需要修

在开始学习修图前，我们首先需要知道照片中的哪些问题需要修。相信对于刚开始学习修图的人来说，往往在看到一个图片时，不知道该从哪里下手。其实从商品的展示上来讲，画面中出现的灰尘、杂质、不自然的反光都会影响到画面的整体效果，这些都是需要通过后期修图加以修复的，下面为大家一一讲解。

1. 图像中的污点、杂质

污点瑕疵可以说是很多图片都有的，尤其以摄影类图片表现最为明显。如果我们在拍摄素材图像时，没有对镜头做清洁工作，那么拍摄出来的图片就很有可能会出现灰尘、杂质等污点，这样的图片直接呈现到大家眼前时，就会影响到整个图片效果的展示。为了让大家看到更为整洁、美观的画面效果，这一类图片就需要经过修复，使其恢复到干净的画面效果。

如下左图所示，把图片放大显示，会发现图像的天空部分有明显的污点，虽然看起来并不是很明显，但是还是会导致图片品质的下降，所以需要用修图工具加以修补。

2. 画面中多余的物体

干净、简洁的画面更利于画面主题的表现，如果在图像中有许多大量的元素存在，不但会影响到画面内容的表现，而且会给人一种非常凌乱的感觉。在处理图像的时候，如果画面中出现多余的对象，就需要把这些多余的对象从画面中去掉，使画面变得更加干净。

如下面的这幅图像中，画面本来是要表现在草原上的马儿，但是在画面中的左下角出现了一些多余的木头，在编辑图像时，利用 Photoshop 把这些多余的木头去除，可以看到画面变得更有感染力。

3. 物品缺陷

除了图片上面的污点、杂质需要修复以外，对于一些商品类图片来讲，物品本身的缺陷也是需要修的。如果商品本身有一些小的缺陷，如划痕、磨损等，如果我们不对其进行修补操作而将其直接应用于商业广告、海报的制作，那么不但会影响画面的美观，还会留下不好的印象，给人感觉物品的品质不好。如下左图所示，画面中要表现的对象是一个小饰品，在饰品上面有一些划痕与裂纹，导致物品品质的下降，所以需要运用 Photoshop 修图，修补串珠上面的划痕与裂纹，如下右图所示。

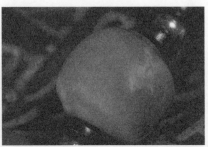

4. 肌肤上的斑点、痘痘

光滑、细腻的肌肤可以为一个人的外在形象加分，但是我们观察很多图像会发现大多数人的皮肤都会存在或多或少的问题，这些小问题出现于画面中，会影响到图像的整体效果。因此，如果遇到图像中的人物皮肤有斑点、痘印等问题时，就需要通过后期修图，还原光滑、细腻的肌肤，从而提升图像品质。

5. 图像的光影

图像的光影可以更好地表现一个画面的层次感，如果图像中的光影不是很理想，那么也需要在处理图像时加以修复。在处理图像时，结合图像修复类工具和光影修复工具可以对图像中存在的光影问题进行处理，使画面更加美观富有设计感。如下图所示原图像对比不强，在处理的时候运用加深 / 减淡工具加深边缘，提亮手表的高光部分，增强画面的层次感。

4.3 常用的修图工具

使用修图工具可以对图像进行后期处理，以弥补各种原因导致的图像缺陷。在 Photoshop 中常用的修图工具主要包括污点修复画笔工具、修复画笔工具、修补工具、内容识别填充工具和仿制图章工具。下面的小节会对这些工具做一个详细的讲解。

4.3.1 污点修复画笔工具

"污点修复画笔工具"可以快速移去图像中的污点或其他不理想的部分，通过简单地单击即可完成污点修复工作，它适合于画面中较小的瑕疵的修复。"污点修复工具"会自动从所修复区域的周围取样，来修复掉有污点的像素，并将该像素的纹理、光照、透明度和阴影与所修复的像素相匹配。

单击工具箱中的"污点修复画笔工具"按钮，或者按下 J 键，即可选择"污点修复画笔工具"，在选项栏中可以看到如下图所示的设置。

◆近似匹配：单击"近似匹配"单选按钮，可以使用修复区域边缘周围的像素，找到要用作取样的区域。

◆创建纹理：单击该单选按钮，可以使用修复区域中的像素创建纹理。

◆内容识别：单击该单选按钮，可以使用比较接近的图像内容，不留痕迹地修复图像，同时保留让图像栩栩如生的关键细节，如阴影和对象边缘等。

◆对所有图层取样：勾选"对所有图层取样"复选框，可以从所有可见图层中对数据进行取样，如果取消勾选，则只会从当前图层中取样。

打开一张人物图像，可以看到画面中人物的脸部有斑点和痘印，影响了人物的气质、美感。选择工具箱中的"污点修复画笔工具"，然后在选项栏中对各选项进行设置，接着使用鼠标在面部瑕疵位置单击并进行拖曳，此时会看到黑色的修复区域，经过反复的涂抹修复操作，去掉人物脸部的痘印，恢复干净、平滑的肌肤效果，具体操作如下图所示。

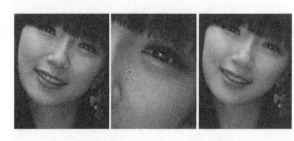

4.3.2 修复画笔工具

"修复画笔工具"的工作原理与"污点修复画笔工具"非常相似，它同样可以用于校正瑕疵，使它们消失在周围的图像中，不同的是，"修复画笔工具"在修复图像前需要先按下 Alt 键进行图像的取样，然后再把样本像素的纹理、光照、透明度和阴影与所修复的像素进行匹配，从而使修复后的像素不留痕迹地融入图像的其余部分。在工具箱中选择"修复画笔工具"后，选项栏中会出现该工具对应的属性，如下图所示。

◆模式：用于指定混合模式，单击下拉按钮在展开的列表中进行混合模式的选择，选择"替换"模式可以在使用"柔边"画笔时，保留画笔描边的边缘处理的杂色、胶片颗粒和纹理。

◆取样：单击选中该单选按钮，可以在修复的过程中使用当前图像的像素。

◆图案：可以使用某个图案修复图像，如果单击"图案"单选按钮，可以开启后面的"图案"选取器，在其中可以选择需要的图案样式。

◆对齐：勾选该复选框后，可连续对像素进行取样，即使释放鼠标也不会丢失当前取样点；如果取消勾选，则会在每次停止并重新开始绘制时使用初始取样点中的校本图像。

◆样本：从指定的图层中进行数据取样，单击下拉按钮会展开"样本"列表，如下图所示。如果要从当前图层及其下方的可见图层中进行取样，则选择"当前和下方图层"选项；如果从当前突出中取样，则选择"当前图层"选项；如果要从所有可见图层中取样，选择"所有图层"选项。

打开一张素材图像，图像中出现了多余的挂钩以及背景折痕，在工具箱中选择"修复画笔工具"，按下 Alt 键不放在干净的背景上单击取样，然后在挂钩位置单击，进行图像的修复操作，经过多次取样和涂抹操作，去掉画面中明显的挂钩以及背景折痕，还原干净的画面效果，具体操作如下图所示。

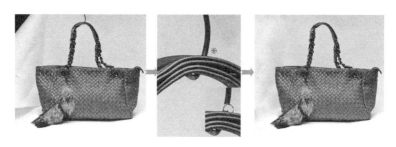

4.3.3 修补工具

通过使用"修补工具"，可以用其他区域或图案中的像素来修复选中的区域，与"修复画笔工具"一样，"修补工具"也可以将样本像素的纹理、光照和阴影与源像素进行匹配，不同的是，使用"修补工具"修复图像时需要在图像中要修补的区域内创建一个选区，然后将其拖曳到替换的区域中才能进行修复。

在工具箱中选择"修补工具"后，选项栏中会出该工具对应的属性，可以通过选项栏对工具属性进行设置，如下图所示。

| ✦ **选区方式**：用于选择要修补的图像范围，默认选中"新选区"按钮 ▣，在图像中单击并拖曳会创建新选区；单击"添加到选区"按钮 ▣，在图像中的其他污点位置单击并拖曳鼠标，将向已有选区添加新选区；单击"从选区减去"按钮 ▣，在图像中的选区上单击并拖曳，将从已有选区中减去新的选区；单击"与选区交叉"按钮 ▣，将保留两个选区相交的部分，下面的图像展示了调整选择方式，选取的图像效果。

✦ **修补**：选择修补图像的方式，包括"正常"和"内容识别"两种。选择"标准"方式时，将以修补区域内图像像素进行修补；选择"内容识别"方式时，在修补的同时会自动识别周围像素，

让修补效果更自然。

◆ 源：单击"源"单选按钮，可以将选区边框拖动到想要从中进行取样的区域，释放鼠标按钮，原来选中的区域将使用样本像素进行修补，如下左图所示。

◆ 目标：单击"目标"单选按钮，再将选区边界拖曳到要修补的区域，释放鼠标按键时，样本像素将修补选定的区域，如下右图所示。

◆ 使用图案：创建选区后，单击"使用图案"按钮，将启用后面的"图案"选取器，在其中可以选择要用于修补的图案进行图像的修补工作。

打开一张素材图像，我们观察图像发现上面的人物不是很好看，可以将其去除，选择工具箱中的"修补工具"，在人物所在位置单击并拖曳鼠标，创建选区，单击并向拖曳该选区，当拖曳到右侧的干净位置时，释放鼠标，去除图像中的多余人物，得到更干净的画面效果，具体操作如下图所示。

4.3.4 内容识别填充工具

"内容感知移动工具"可用于混合被选区域内的图像。在需要修改的图像区域内创建出选区，然后将其拖曳移动选区内容，将自动填充被移动区域内的图像，移动选区图像的同时保留了画面的完整性。在工具箱中选择"内容感知移动工具"，在其选项栏中可看到用于设置该工具的选项，如下图所示。

◆ 模式：用于确定混合内容是移动还是复制，包括了"移动"和"扩展"两种混合模式，如下左图所示为选择要修补的区域，运用"内容识别填充工具"在画面中创建出选区，选择"移动"模式后，单击并拖曳鼠标得到如下中图所示效果，选择"扩展"模式后，单击并拖曳鼠标得到如下右图所示的效果。

◆适应：此选项用于设置移动选区内图像混合时的适应方式。单击下拉按钮，在打开的列表中可选择"非常严格""严格""中""松散""非常松散"5种模式，以满足不同的图像需求。

◆对所有图层取样：勾选"对所有图层取样"复选框，可以从所有可见图层中对数据进行取样，如果取消勾选，则只会从当前图层中取样。

打开一张素材图像，发现原图像右侧有一根多余的木桩，单击工具箱中的"内容感知移动工具"按钮，运用鼠标在木桩右侧的干净图像上单击并拖曳鼠标，创建一个修补的原选区，单击选项栏中的"模式"下拉按钮，在展开的列表中选择"扩展"选项，然后单击并向左拖曳选区至画面中的木桩位置，释放鼠标修复图像，具体操作如下图所示。

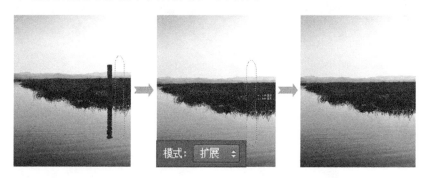

4.3.5 仿制图章工具

"仿制图章工具"可以将指定的图像如同盖章一样，复制到特定的区域中，也可以将一个图层的一部分绘制到另一图层。"仿制图章工具"对于复制图像或移去图像中的缺陷非常有效，它的使用方法是先指定要复制的基准点，即对图像进行取样，按下Alt键单击需要复制位置的图像，然后移动鼠标单击，即可快速完成图像的复制。

单击工具箱中的"仿制图章工具"按钮，会显示如下图所示的"仿制图章工具"选项栏，在选项栏中可以对画笔笔尖、不透明度以及流量等选项进行设置。

◆切换"画笔"面板：单击"切换画笔面板"按钮，将打开隐藏的"画笔"和"画笔预设"面板组，如下左图所示，在面板中可以选择画笔笔触形状，并能对其大小和旋转角度进行调整，单击"画笔预设"标签，将展开如下中图所示的"画笔预设"面板。

◆切换"仿制源"面板：单击"切换仿制源面板"按钮，即可打开隐藏的"仿制源"面板，如下右图所示，在面板中可以设置其他更多的取样点，在"仿制源"面板中最多可以设置5个不同的取样源，并且会存储这些创建的仿制源，直到关闭文档为止。

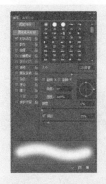  

◆不透明度：此选项用于设置图像仿制的不透明度，用户可以通过单击"不透明度"选项右侧的下拉按钮，再拖曳下方的选项滑块来调整不透明度的大小，也可以在数值框中输入精确的数值来进行设置，当输入的不透明度值越大，仿制图像的效果越明显。如下左图所示，按下 Alt 键在图像上单击取样，分别设置"不透明度"为 100% 和 50% 后，在图像上进行仿制修复，效果如下中图和右图所示。

◆流量：通过该选项可以调整画笔涂抹时的数量，单击"流量"右侧的倒三角形按钮，在弹出的面板中单击并拖曳选项滑块，可以对流量进行设置，设置的数值越大，仿制的图像效果越明显，如下两幅图像分别显示"流量"为 50% 和 10% 时仿制的图像效果。

◆对齐：勾选"对齐"复选框后，可连续对像素进行取样，即使释放鼠标按钮，也不会丢失当前取样点；如果取消勾选"对齐"复选框，则会在每次停止并重新开始绘制时使用初始取样点中的样本像素。

◆样本：此选项可以从指定的图层中进行数据取样，如果要从现用图层以及下方的可见图层中取样，可选择"当前和下方图层"选项；如果仅要从现用图层中取样，可选择"当前图层"选项；如果要从所有可见图层中取样，可选择"所有图层"选项；如果要从调整图层以外的所有图层中取样，则选择"所有图层"选项。

打开一张风景照片，可以看到在海边上出现的杂乱人影，影响了图像的美观性，可以选用"仿制图章工具"修复这些杂乱的人像，单击工具箱中的"仿制图章工具"按钮 ，然后将鼠标移至干净的海浪图像上，按下 Alt 键单击取样图像，然后在出现的杂乱人影像上单击并涂抹，修复图像，修复后的图像变得干净整洁起来，具体操作如下图所示。

4.4 修整光影的常用工具

使用 Photoshop 不但可以修补图像中的瑕疵，还可以利用光影修整工具对图像的光影层次进行美化。常用的修复图像光影色彩的工具有加深工具、减淡工具和海绵工具，下面的小节会为大家详细讲解这 3 个工具的使用方法。

4.4.1 加深 / 减淡工具

使用"加深工具"和"减淡工具"对图像的特定区域进行涂抹，可以使该区域的图像颜色减淡或加深，使图像更有层次感。"加深工具"和"减淡工具"是以画笔的形式出现，可以分别对图像中的亮调、暗调和中间调进行单独处理，让涂抹的区域变暗或变暗，类似于遮光、减光的操作。选择工具箱中的"加深工具"或"减淡工具"后，会显示如下图所示的"加深工具"选项栏，在选项栏可以对加深或减淡选项进行设置。

◆画笔大小：单击此选项右侧的倒三角形按钮，可以在弹出的面板中对画笔的大小、硬度和笔尖形态进行设置。

◆范围：在"范围"下拉列表中可以选择涂抹过程中加深的图像范围，包括"高光"、"中间调"和"阴影"3 个选项。选择"阴影"选项后，在图像上涂抹，只更改图像中阴影、暗部分；选择"中间调"选项，在图像上涂抹，只更改中间调的颜色区域的像素；选择"高光"选项上，只更改图像中的高光、亮色区域的像素。下面几幅图像分别展示原图和选择不同范围后减淡图像效果。

◆曝光度：用于控制在使用该工具涂抹的过程中应用的曝光大小及图像变暗的程度，设置的数值越大，加深效果越明显，如下图所示，分别展示不同曝光度下的加深图像效果。

◆启用喷枪样式建立效果：单击该按钮可以启用喷枪模式，让应用的效果具有一定的持续性。

◆保持色调：勾选此复选框时，可以在涂抹的过程中保持像素的色调不受影响，如下左图为取消勾选涂抹加深效果，如下右图所示为勾选涂抹加深效果。

打开一张素材图像，单击工具箱中的"加深工具"按钮 ，在选项栏中单击"范围"下拉按钮，在展开的下拉列表中选择"阴影"选项，输入"曝光度"为30%，降低曝光度，在画面中单击并涂抹，经过反复涂抹加深图像中的阴影部分，具体操作如下图所示。

单击工具箱中的"减淡工具"按钮 ，在选项栏中的"范围"下拉列表中选择"高光"选项，确定减淡范围为高光部分，输入"曝光度"为10%，在画面中单击并涂抹，减淡图像，经过修饰后的图像变得更有层次感，具体操作如左图所示。

4.4.2 海绵工具

"海绵工具"主要用于精确地增加或减少图像特定区域的饱和度。在灰度模式下，"海绵工具"通过使灰阶远离或者靠近中间灰色来增加或降低对比度。单击工具箱中的"海绵工具"按钮 ，显示如下图所示的"海绵工具"选项栏。

◆模式：在"模式"下拉列表中包括了"去色"和"加色"两个选项，选择"去色"选项后对图像进行处理，会降低图像颜色的饱和度，使图像中的灰度色调增加；选择"加色"选项后对图像进行处理，会减少中间灰度色调颜色，图像更鲜艳。下面两幅图像分别为选择"去色"和"加色"选项处理后的图像效果。

◆流量："流量"选项用于控制图像处理的程度，设置的"数量"值越大，效果越明显；反之，设置的值越小，效果越不明显。设置"流量"为70%时，加深饱和度的图像效果；设置"流量"为20%时，加深饱和度的图像效果。

打开一张需要素材图像，在这里我们为了突出图像中的大红色灯笼需要把背景部分的颜色去掉，单击工具箱中的"海绵工具"按钮 ，在选项栏中选择"去色"模式，设置"流量"为50%，在除灯笼外的背景图像上涂抹，经过反复涂抹操作，去掉背景部分的颜色，突出主体对象，具体操作如下图所示。

4.5 常用的修形工具

前面的小节对修瑕疵、修光影的工具进行了介绍，在下面的小节中会为大家介绍Photoshop中常用的修形工具。物体的外形轮廓不仅可以表现其美感，更是影响画面效果的关键，在Photoshop中常用的修形工具包括了"液化"滤镜和"操控变形"命令。

4.5.1 "液化"滤镜

"液化"滤镜可以用于推、拉、旋转、反射、折叠和膨胀图像的任意区域，还可以模拟出旋转的波浪式效果，制作旋转或流动的液体效果。

执行"滤镜 > 液化"菜单命令，即可打开如右图所示的"液化"对话框。默认情况下，"液化"对话框以基础模式显示，如果需要查看更多的选项设置，则需要勾选对话框右侧的"高级模式"复选框，如下图所示为显示更多高级选项的"液化"对话框。

◆工具栏：在工具栏内罗列出来相应的液化工具，其中包括向前变形工具、重建工具、冻结蒙版工具、解冻蒙版工具等，如右左图所示"向前变形工具"可以向前推动图像中的像素，得到变形的效果，单击"向前变形工具"按钮，运用鼠标在图像中单击并涂抹，即可使涂抹处的图像区域恢复成调整后的图像效果；使用"重建工具"可以完全或部分地恢复更改的图像，使之恢复到原始状态；使用"顺时针旋转扭曲工具"在图像单击鼠标或移动鼠标时，图像会被顺时针旋转扭曲；当按下 Alt 键单击鼠标时，图像则会被逆时针旋转扭曲；"褶皱工具"可以使图像朝着画笔中间区域的中心移动，使图像产生收缩的效果；"膨胀工具"可以使图像朝着远离画笔中心区域以外的方向移动，使图像产生膨胀的效果；"左推工具"的使用可以使图像产生挤压变形的效果；"冻结蒙版工具"可以用于保护不需要改变的图像区域；"解冻蒙版工具"与"冻结蒙版工具"的作用相反，可解除该区域的冻结，下面的图像中分别展示了用"向前变形工具""膨胀工具"和"重建工具"处理出来的图像效果。

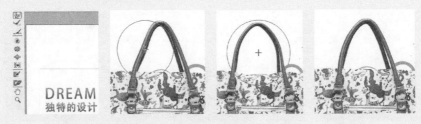

◆工具选项：用于设置所选工具的选项，包括"画笔大小"、"画笔密度"、"画笔压力"和"画笔速率"4 个选项。

◆重建选项：用于设置重建的方式，并可以撤销在图像上所做的调整。单击重建选项组下的"重建"按钮，可对图像应用重建效果一次；单击"恢复全部"按钮，可以去除画面中的所有扭曲效果，包括冻结区域中的扭曲效果。

◆蒙版选项：用于设置图像中的蒙版区域。单击"无"选项后，可解冻所有被冻结的区域；单击"全部蒙版"按钮，则会使图像全部被冻结，如下左图所示；单击"全部相反"按钮，可使冻结和解冻的区域对调，如下右图所示。

◆视图选项：用于设置图像中所要显示的内容，主要包括蒙版、背景、图像和网格等，还可以对蒙版的颜色进行设置。默认情况下，"液化"对话框中将会勾选"视图选项"下方的"显示图像"复选框，勾选该复选框后，可在预览区域中显示图像；若不勾选"显示图像"复选框，则只会在图像预览区域显示蒙版形状，如果需要对蒙版颜色进行设置，则可以单击"蒙版颜色"下拉按钮，在打开的列表中即会显示提供的蒙版颜色，单击选中颜色后，会在预览区域显示该颜色的蒙版效果。

打开一张素材图像，从图像上可以发现模特的腰部有一些赘肉需要对其进行调整，执行"滤镜>液化"菜单命令，打开"液化"对话框，单击"向前变形工具"按钮，适当调整画笔笔触大小，并把光标移到人物的腰部位置，单击并向侧拖曳鼠标，调整人物身形，得到更完美的身材曲线。

4.5.2 操控变形

操控变形借助一种可视性网格，随意地扭曲图像中的某个区域，而其他区域的图像则不会发生改变。操控变形不但可以使最精细的图像细节美化，还能控制画面总体的形态变化。在Photoshop中将操控变形与智能对象结合起来，可以在非破坏的方式下扭曲图像，进而获得最大的灵活性。

选择要变形的对象后，执行"编辑>操控变形"菜单命令，显示如下图所示的操控变形工具选项栏，在选项栏中可以对变形网格中的图钉多少、排列顺序进行更随意的调整。

模式: 正常 ÷ 浓度: 正常 ÷ 扩展: 2像素 ▾ ✓显示网格 图钉深度: 旋转: 自动 ÷ 度

◆模式：用于确定网格的整体弹性，单击按钮即可进行设置。
◆浓度：用于确定网格点的间距，设置的浓度越大时，产生的网格点越多，而较多的网格点可以提高精度，但需要较多的处理时间；反之，浓度越小时，产生的网格点越少，处理图像的时间也就越少。
◆扩展：用于扩展或收缩网格的外边缘，可以通过输入数值或者单击右侧的下拉按钮，再拖曳滑块进行参数的调节。
◆显示网格：勾选复选框时会显示完整的变形网格，取消选中时会把网格隐藏起来只显示调整图钉，从而显示更清晰的变换预览。
◆图钉深度：用于调整设置的图钉顺序，单击"图钉前移"按钮，可将选择的图钉前移，单击"图钉后移"按钮，可将选择图钉后移。
◆旋转：用于旋转变形网格，如果单击"自动"按钮，则会根据所选的"模式"选项自动旋转网格。

打开一张素材图像，先用"快速选择工具"选择画面中需要变形的人物，按下快捷键 Ctrl+J，复制选择的人物对象，并将其移到画面的另一侧，然后执行"编辑 > 操控变形"菜单命令，人物图像的身体部分出现变形网格，如下图所示。

右击网格，在弹出的菜单中选择"隐藏网格"命令，在人物主要关节处单击添加图钉，再选择要变形的图钉，按下 Alt 键，此时鼠标旁边会显示一个折线，单击并拖曳，旋转控制关节的变形，如右图所示，经过适当的变形，可以看到不同的人物造型效果。

4.6 随堂练习——利用摄影人像打造甜美写真

修图是编辑图像的基础，我们看到的漂亮的图片大多数都经过了修复这一过程，面对图像中不同的问题，可以选择的修图方法有很多。本实例中将通过详细的操作向读者讲解如何快速修复人像照片中的各类瑕疵。在后期处理时，先用"污点修复画笔工具"和"修补工具"对面部瑕疵进行处理，再运用"液化"工具对人物脸型和身材进行美化，打造出更好的写真效果。

【关键知识点】

◆ 用"污点去除工具"去除斑点瑕疵
◆ 用"修补工具"修复不自然肤色
◆ 使用"液化"对人物的脸型、身体进行美化

【实例文件】

素　材：
资源包 \ 素材 \04\01.jpg

源文件：
资源包 \ 源文件 \04\ 利用摄影人像打造甜美写真 .psd

【步骤解析】

①打开图像复制图层

打开资源包中的素材 \04\01.jpg 素材图像，在"图层"面板中选中"背景"图层，将选中的图层拖曳至"创建新图层"按钮 上，复制图层，得到"背景拷贝"图层。

②单击修复图像

按下快捷键 Ctrl++，将图像放大至合适大小，此时，在图像上可以看到皮肤痘印、斑点等，单击工具箱中的"污点修复画笔工具"按钮 ，选择工具，将鼠标移至人物脸上的痘印位置，单击鼠标去除痘印。

③继续修复图像

继续使用"污点修复画笔工具"在人物脸上单击，将人物脸上的痘印全部去除，使人物的面部变得更干净。

④创建选区修补图像

单击工具箱中的"修补工具"按钮 ，选择"修补工具"，在人物的鼻梁位置单击并拖曳鼠标，创建被修补的选区，再把选区内的图像向右侧拖曳，当拖曳至干净的皮肤位置后，释放鼠标，修补图像。

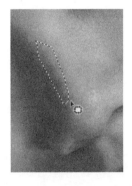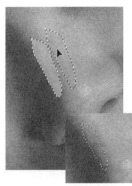

⑤继续修补图像

继续结合工具箱中的"修补工具"和"污点修复画笔工具"对人物面部的皮肤进行修复，还原人物白皙、洁净的肌肤效果。

⑥用"模糊工具"模糊图像

单击工具箱中的"模糊工具"按钮 ，显示"模糊工具"选项栏，在选项栏中设置画笔笔触大小为 50，"强度"为 40%，在人物脸部皮肤位置涂抹，模糊图像，使皮肤变得光滑。

⑦设置"色阶"提亮中间调

单击"调整"面板中的"色阶"按钮 ⚊，新建"色阶 1"调整图层，并在"属性"面板中向左拖曳灰色滑块，提高画面中中间调部分图像的亮度。

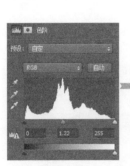 

⑧设置"曲线"提亮图像

单击"调整"面板中的"曲线"按钮 ⚊，新建"曲线 1"调整图层，在显示的"属性"面板中单击并向上拖曳曲线,进一步提亮图像,使皮肤变得更加白皙。

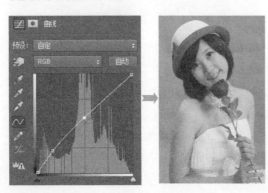

⑨用"吸管工具"取样颜色

选择"吸管工具"，在较白皙的皮肤上单击，取样颜色，此时工具箱中的"设置前景色"变为取样后的颜色。

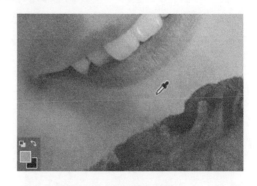

⑩使用画笔修饰皮肤颜色

按下快捷键 Ctrl+Shift+Alt+E，盖印图层，得到"图层 1"图层，在此图层上方新建"图层 2"图层，选择"画笔工具"，设置"不透明度"为 15%，在不均匀的肤色位置涂抹。

⑪继续修饰肤色

继续结合"取样工具"和"画笔工具"在图像中进行取样和涂抹操作，修复模特脸部不均匀的肤色。

⑫执行"液化"命令

按下快捷键 Ctrl+Shift+Alt+E，盖印图层，得到"图层 3"图层，执行"滤镜 > 液化"菜单命令，打开"液化"对话框，勾选"高级模式"复选框。

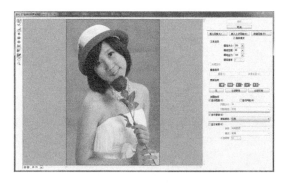

⑬修正人物脸型

单击"向前变形工具"按钮，在右侧的工具选项组中设置"画笔大小"为 300，"画笔密度"为 100，"画笔压力"为 100，将光标移至左侧脸部位置，单击并向右拖曳，修饰脸型。

⑭收缩图像打造纤细手臂

继续对脸型进行美化，然后调整工具选项，设置"画笔大小"为 400，"画笔密度"为 50，"画笔压力"为 100，在人物的手臂位置单击并拖曳鼠标，收缩手臂效果。

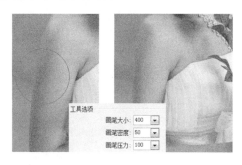

⑮修补牙齿

单击"向前变形工具"按钮，设置"画笔大小"为 20，"画笔密度"为 50，"画笔压力"为 100，将光标移至牙齿位置，单击并拖曳鼠标，修补牙齿缝隙，完成设置单击"确定"按钮，选用"矩形工具"和"横排文字工具"为图像添加上边框和文字效果。

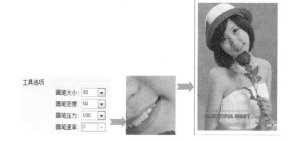

4.7 课后习题——修复彩妆盒上的粉尘瑕疵

本章主要对经常使用到的修图工具进行详细讲解，经过前面的学习我们已经对这些工具的使用方法有了一定的了解，下面为了巩固所学知识，为大家准备了一张素材图像，大家可以应用本章学习修图知识，修复素材图像中的各类瑕疵将其制作为简单的广告效果。

【实例文件】

素　材：

资源包 \ 素材 \04\02.jpg

源文件：

资源包 \ 源文件 \04\ 修复彩妆盒上的粉尘瑕疵 .psd

【操作要点】

◆ 用"钢笔工具"把图像中的彩妆盒抠取出来，使用"高斯模糊"滤镜模糊图像；

◆ 选择"污点修复画笔工具"，在彩妆盒上的粉尘位置连续单击并涂抹，修复画面中细节的灰尘；

◆ 使用"修补工具"对彩妆盒上不均匀的图像位置创建选区并修复图像，最后适当调整颜色，添加上文字效果。

Chapter 05

调色

色彩是人们最直观的感受，任何图片的处理和设计都离不开色彩的搭配，只有运用了合适的色彩表现，才能赋予画面生动感。很多时候，即使是同一样幅图像，当我们选用不同的色彩呈现出来以后，它往往都能带给人不同的视觉感受。

在 Photoshop 中可以利用调色功能对图片的色彩进行更灵活的设置，使画面表现出不同的色调效果。本章节中将 Photoshop 中常用的明暗、色彩调整命令进行讲解，针对不同调整命令的特点进行全面的剖析，读者通过学习能够熟练掌握图像调色技法。

本章内容

5.1 认识色彩

　　我们生活在一个五彩纷纷、色彩斑斓的世界里，色彩是破碎的光，我们凭借光来分辨和识别大自然中的色彩，没有光就没有色彩。由于光是人类赖以生存的基本条件，当一部分的光被物体反射或投射出来，并被我们的眼睛感知，便带来了光明和五彩缤纷的世界。17世纪物理学家艾萨克·牛顿博士利用三棱镜将无色的太阳光分离成色彩的光谱，即红、橙、黄、绿、青、蓝、紫七色光谱，由此光与色的研究才进一步发展起来，如下图所示即为由三棱镜折射的光现象。但根据人们的习惯，将青色一律称为蓝色，因此，在实际的运用中，七色光通常会变成红、橙、黄、绿、蓝、青、紫七色。

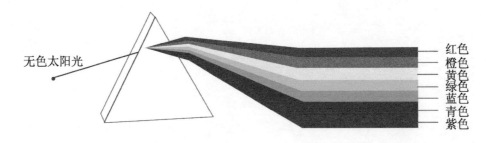

　　色彩能影响人的视觉神经，从而产生色彩的审美。色彩能够准确地表现画面主题的重要元素，它能从视觉上对观者的生理和心理产生影响，从而使其产生各种不同的情绪变化，例如红色能够给人带来鲜艳、热情感受，绿色则能带给人以清爽、安全的感受，而蓝色则能表现出忧郁、宁静的感受。为了让画面表现不同的意境，可以掌握在画面中进行不同色彩的运用来呈现，下面的两幅图像，虽然都是要表现海景，但是由于色彩的不同，给人的视觉感受却不一样。

5.2 色彩三要素

　　我们所看到的色彩世界，千差万别，各不相同，但是任何色彩都具备三个基本特征，即色相、明度和纯度，通常称之为色彩的三要素或色彩的三属性。色彩的三要素是影响色彩的主要因素，色彩可以根据这三个要素进行体系化的归类，要想灵活运用色彩，就必须要充分了解色彩的三要素。

1. 色相

　　色相是色彩的最大特征，所谓色相即是指能够比较确切地表示某种颜色色别的名称，也是各种颜色之间的区别，同样也是不同波长的色光被感觉的结果。

　　色相是由色彩的波长所决定的，在可见光谱中，红、橙、黄、绿、蓝、青、紫构成了色彩体系中的最基本色相，色相一般由纯色表示，也可以通过渐变过渡的方式表示不同色相，下图分别展示为色相的纯色块表现形式和色相纯色间的渐变过渡形式。

色相按照不同颜色间的色彩差异和变化特点，以顺时针的方向连续旋转，即可形成一个色相环。其中 12 色相环是由原色、间色和复色组成，色相环境中的三原色是红、黄、蓝三色，而如果在 12 色相环中进一步再找出其中间色，则可以得到 24 色个色相。在 24 色相环中可以看出，色彩在色相环上所处理的度数不同，色相也不相同，右图为 12 色相环和 24 色相环效果。

2. 明度

明度是针对色彩的亮度而言，色彩的深浅和明暗取决于反射光的强度，任何色彩都存在明暗变化。明度越高，色彩越明亮；明度越低，则色彩越暗。

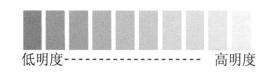

同一色相会有不同的亮暗差别，无彩色的明度关系为，黑色最暗，过渡的灰色是中级明度，白色明度最高，其过程表现为渐变效果；而在有彩色系中，各种颜色同样也有各自不同的明度变化。如右图所示，分别展示了有彩色和无彩色的明度渐变效果。

在色彩的设计过程中，明度也是决定文字可读性和物体外光的重要因素，在图像整体印刷不发生变动的情况下，维持色相、纯度不变，通过加大明度差的方法可以增添画面的张弛感。同时，色彩的明暗程度随着光的明暗程度变化而变化，明度值越高，则图像的效果越加明亮、清晰，如下左图所示；反之，明度值越低，则图像效果越灰暗，如下右图所示。

同时，明度也是色彩的骨骼，色彩的明度差比色相的差别更容易让人将物体从背景中区分出来，图像与背景的明度越接近，辨别图像就会变得越困难。下面三幅图像展示了同一图像在不同明度背景上的识别效果。

3. 纯度

纯度通常是指色彩的鲜艳程度，也称色彩的饱和度、彩度、鲜度、含灰度等，它是灰暗与鲜艳的对照，即同一种色相是相对鲜艳或灰暗的，纯度取决于该色中含色成分与消色成分（灰色）的比例，其中灰色含量越少，饱和度值越大，图像颜色就越艳丽。

通常我们将纯度划分为 9 个阶段，其中 1 ~ 3 阶段的纯度为低纯度；4 ~ 6 阶段的纯度称为中纯度；7 ~ 9 阶度的纯度为高纯度，从下面的纯度的色阶阶段变化表中可以看出，纯度越低，越趋近于黑色；纯度越高，色彩越趋近于纯色。

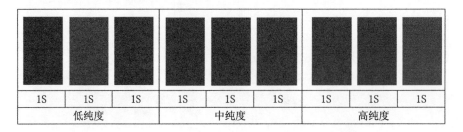

	低纯度			中纯度			高纯度	
1S	1S	1S	1S	1S	1S	1S	1S	1S

纯度体现了色彩的内在品质，同一色相在添加白色、黑色或灰色后都会降低它的纯度，混入的黑、白、灰越多，则色彩的纯度就越低，以红色为例，如右图所示，在红色中分别加入一定量的白色、灰色和黑色后，其纯度都会随之降低到相应的程度。

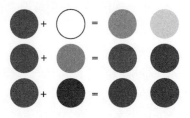

色彩的纯度决定了色彩的鲜艳程度，纯度越高的色彩其波长越独特，图像效果也就越明亮、艳丽，能给人强有力的视觉刺激效果；相反，色彩纯度越低，画面的灰暗程度就越加明显，其产生的画面效果更加柔和、平淡甚至是灰暗。因此掌握好色彩的纯度，可以营造出不同视觉感受的画面效果，下面三幅图像分别展示了不同纯度所呈现出的画面效果。

对于纯度较低的图像，饱和度也较低，色彩很暗淡，这类图像，我们可以用 Photoshop 中的"饱和度"来调整颜色的鲜艳度，对图像的纯度进行调整，让低纯度的图像重新变得明亮、艳丽起来。如右图所示的图像即为调整前与调整后的对比效果展示。

色彩的三属性往往是相互关联的，在谈到纯度时，必然会涉及它的色相、明度。我们在看待色彩的三要素既要看到它们各自独立的方向，同时也要看到它们是一个不可分割的整体。任何色彩（色相）在纯度高时都有特定的明度，假如明度变了则纯度就会下降，而高纯度的色相加白或加黑，则会降低该色相的纯度，同时也提高或降低该色相的明度。高纯度的色相加与之不同明度的灰色，则会降低该色相的纯度，同时使明度向该灰色的明度靠拢。高纯度的色相如果与不同明度的灰色混合，则可构成同色相、同明度、不同纯度的序列。

5.3　正确查看色彩直方图

直方图可以真实地反映出图像暗部和明部的分布情况，以坐标轴上波形图的形式显示照片的曝光。"直方图"中的形态会随着图像编辑的效果自动更新，由此可以更好地判断图像调整的程序。

在 Photoshop 中打开图像后，在开始进行编辑前可以先打开"直方图"面板对其进行观察，评估图像中的色调分布。执行"窗口 >直方图"菜单命令，即可显示如右图所示的"直方图"面板。"直方图"中水平轴代表的是灰度或颜色色阶，范围在 0 ~ 255 之间，竖轴代表特定颜色或色调层次的像素值，由此产品的图形轮廓则代表了照片整体的色调范围。

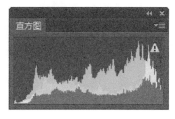

"直方图"除了默认的不带任何控件或统计数据的显示方式外，还提供了扩展视图和全部通道视图两种视图显示方式，用户可以利用"直方图"面板菜单中的命令进行切换。如果需要显示带有统计数据的直方图，则可以单击"直方图"面板右上角的按钮，在弹出的菜单中选择"扩展视图"命令，选择该命令后，可以选择由直方图表示的通道的控件、查看"直方图"面板选项、刷新直方图以显示高速缓存数据等，如下图所示。

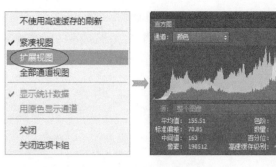

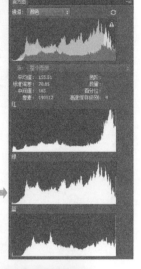

如果需要显示所有颜色通道下的直方图，则在面板菜单中执行"全部通道视图"命令，选择此视图方式时，除了有"扩展视图"下的所有选项，还会显示各通道的单个直方图，从图像上可以观察到各颜色通道的色彩分布，如右图所示。如果当前编辑的图像包含了多个图层，在"扩展视图"和"全部通道视图"下可以选择特定图层进行查看。

在"直方图"面板中，高色调图像的细节集中在高光处，如下左图所示，平均色调图像的细节集中在中间处，如下中图所示，而低色调图像的细节集中在阴影处，如下右图所示。全色调范围的图像在所有区域中都有大量的像素。所以我们可以利用直方图来判定图像的影调为低调、中间调或是高调，并且还有助于确定相应的色彩调整方案。

使用"直方图"面板不但可以确定画面的影调，还可以查看照片的曝光情况。在"直方图"面板中图像像素集中在面板左侧，即暗部区域，而亮部区域几乎没有图像像素，则可判断为曝光不足；如果在"直方图"面板中图像像素主要分布在面板右侧，即亮色调区域的图像像素较多，而左侧即暗部区域几乎没有图像像素，则可判断为曝光过度，右图所示为曝光不足的图像和直方图效果。

如果图像经过编辑失去了部分细节，那么在"直方图"面板中也将会即时地反映出来，此时的直方图会出现间隙或者尖峰的情况，其中间隙表示特定的颜色或色彩层次有所损失，而尖峰则表示不同层次的像素被均化，但是经过后期编辑后少量的间隙和尖峰是可以接受的，如果存在过多的图像信息丢失，那么最终出来的图像也会是很失败的。

如左图所示为编辑后的照片效果，在"直方图"面板中可以看到出现了间隙和尖峰的情况，表明此图像存在少量的图像信息丢失情况，但是从整体效果上看，画面还是不错的。

5.4 Photoshop 中的自动调色功能

在 Photoshop 中的"图像"菜单中包含了 3 个自动调整图像的命令，即"自动色调""自动颜色"和"自动对比度"，通过这 3 个命令可以让 Photoshop 根据照片的色调、对比度等信息对图像进行自动的调整，使画面效果更加完美。

1. "自动色调"命令

"自动色调"命令可以自动调整图像中的黑场和白场，将每个颜色通道中最暗的像素映射到纯白（色阶为 255）和纯色（色阶为 0），并将中间像素值按比例重新分布。由于"自动色调"命令单独调整每个通道，所以可能会移去颜色或引入色偏。打开一张色调偏暖的素材图像，如下左图所示，执行"图像 > 自动色调"命令，Photoshop 会自动调整图像，校正了偏黄的图像，如下右图所示。

2. "自动对比度"命令

应用"自动对比度"命令可以自动调整图像对比度，它通过剪切图像中的阴影和高光值，然后将图像剩余部分的最亮和最暗像素映射到纯白和纯黑，这样会使高光看上去更亮，阴影看上去更暗。打开一张对比较弱的图像，如下左图所示，执行"图像 > 自动对比度"命令，调整图像的明暗，画面看起来更有层次感，如下右图所示。

3. "自动颜色"命令

使用"自动颜色"命令可以校正照片中的偏色现象，此命令通过搜索图像中的明暗信息来标识阴影、中间调和高光，从而调整图像的对比度和颜色。如右图所示，打开一张偏色的图像，执行"图像 > 自动颜色"菜单命令，即可校正颜色。

5.5 调整图像明暗的命令

图像的明暗直接影响画面的整体效果。如果图像太亮、太暗或者对比度不够时，都需要对图像做进一步的调整。Photoshop 可以运用色阶、曲线、亮度／对比度和曝光度等命令来调整图像的明暗，同时还可以结合多种调整命令，加强画面的明暗对比效果。

5.5.1 "曲线"命令

"曲线"命令的主要作用是快速提高或降低图像的亮度，并且还可以指定通道中的图像的亮度进行调整。使用"曲线"命令调整图像时，可以选择预设的曲线调整图像，也可以根据不同的图像效果，在曲线上添加曲线控制点，通过拖曳曲线控制点，更改照片的明暗程度。

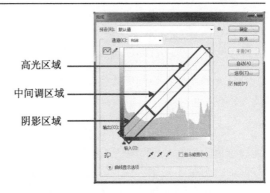

执行"图像 > 调整 > 曲线"菜单命令，将会打开"曲线"对话框，打开后的对话框效果如右图所示。

◆预设：单击"预设"选项后的三角形按钮，可以展开该选项的下拉列表，包括了"彩色负片""反冲""增加对比度"和"较亮"等，单击选中其中的一个选项，就可以快速将预设的效果应用到图像中，同时在"曲线"对话框中的曲线形态也会发生相应的变化，如下左图所示，选择"强对比度"选项，加强了对比效果，如下图所示。

◆通道：在"通道"下拉列表中可以选择需要调整的通道，在其中包含了当前图像所拥有的所有通道。单击"通道"右侧的倒三角形按钮，即可展示"通道"下拉列表，在列表中进行颜色通道的选择，如右图所示。

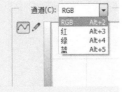

◆输出／输入：在曲线视图中可以对曲线的形状进行调整，在移动曲线控制点位置的同时，"输出"和"输入"选项中的参数将随着移动发生变化，由此来显示精确的控制点坐标。

◆自动：单击"自动"按钮，可以对图像的颜色、对比度进行自动的调整。

◆曲线显示选项：单击该选项前的三角形按钮，可以展开隐藏的设置选项，在其中可以对更多的选项进行设置。

◆通过绘制来修改曲线：利用此工具可以通过绘制来更改曲线的形状，并同时将绘制的曲线应用于图像中。如下左图所示，单击"通道绘制来修改曲线"按钮，在曲线上单击并拖曳鼠标，释放鼠标后，图像效果如下右图所示。

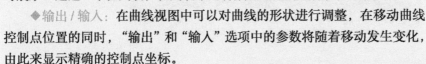

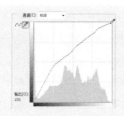

◆吸管工具：单击"设置黑场"按钮，可以使用鼠标在图像窗口中单击来设置黑场，如下左图所示；单击"设置灰场"按钮，可以使用鼠标在图像窗口中单击来设置灰场，如下中图所示；单击"设置白场"按钮，可以使用鼠标在图像窗口中单击来设置白场，如下右图所示。

　　打开一张曝光不足的照片，我们看到画面因为曝光不足太暗了，细节显示不清楚，因此执行"图像 > 调整 > 曲线"菜单命令，打开"曲线"对话框，在对话框中对曲线的形态进行调整。由于原图像画面偏暗，因此需要将曲线中间调上的控制点单击并向上拖曳，由此使图像变亮，让画面恢复到正常的曝光显示效果，具体操作如下图所示。

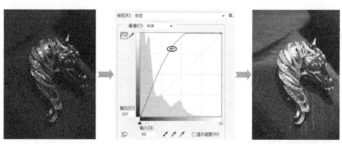

5.5.2 "色阶"命令

　　"色阶"命令主要用于调整图像的色调，它与前面的"直方图"联系非常紧密。"色阶"命令有其自身的直方图，在调整图像时，主要通过调整直方图中的滑块位置来控制画面的曝光和层次。也可以在滑块下方的数值框中输入参数调整色阶，使图像中的色调变亮或是变暗。执行"图像 > 调整 > 色阶"菜单命令，将打开"色阶"对话框，如右图所示。

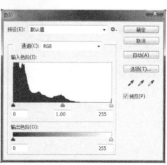

◆预设：单击"预设"下拉列表框右侧的下拉按钮，在打开的下拉列表中选择系统预先设置好的色阶调整效果，实现图像的快速调整。

◆通道：单击"通道"右侧的三角形按钮，可以展开"通道"下拉列表，在其中可以选择所需要调整的通道，在同一张照片中，选择不同的通道，将得到不同的直方图效果。

◆输入色阶：通过单击并拖曳"输入色阶"下方的滑块，或在其下方的数值框中输入参数，可以调整图像阴影、中间调和高光区域的色调和对比度，其中黑色滑块代表图像中最暗的像素，调整此滑块的位置会改变画面中暗部区域的明暗，如下左图所示；灰色滑块代表图像中中间调的像素，调整此滑块可改变画面中中间调区域的明暗，如下中图所示；白色滑块代表图像中最亮的像素，调整此滑块的位置会改变画面中亮部区域的明暗，如下右图所示。

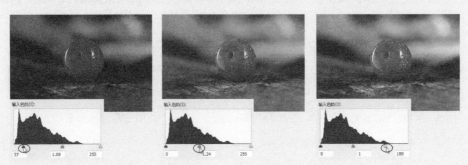

◆输出色阶：通过单击并拖曳"输出色阶"下方的滑块，或在其下方的数值框中输入参数，可以调整图像的明暗，向右拖曳黑色输出滑块，则图像整体变亮，如下左图所示；向左拖曳白色输出滑块，则图像整体变暗，如下右图所示。

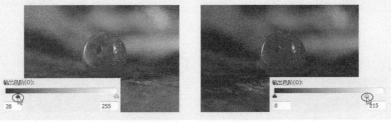

打开一张曝光及层次不理想的图像，执行"图像 > 调整 > 色阶"菜单命令，打开"色阶"对话框，在对话框中先将黑色滑块向右拖曳，降低阴影部分的图像亮度，把白色滑块向左拖曳，提高高光部分的图像亮度，设置后发现对比还不够，再把灰色滑块适当向右拖曳一下，经过设置后可以看到图像的对比增强了，图像变得更有层次感，具体操作如下图所示。

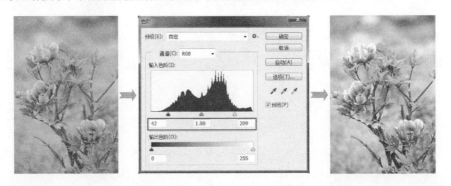

5.5.3 "亮度 / 对比度"命令

"亮度 / 对比度"命令可以对图像的明亮度和对比度进行调整，在应用此命令的过程中可以直观地观察到编辑的效果。与其他调整图像明暗的命令不同的是，"亮度 / 对比度"命令会对图像中所有像素进行相同程度的调整，从而容易导致图像细节的损失，因此在使用此命令的过程中要防止参数过大而过度调整图像。

执行"图像＞调整＞亮度/对比度"菜单命令，打开"亮度/对比度"对话框，如右图所示，在此对话框中可以看到显示的用于调整亮度的"亮度"选项和用于调整对比度的"对比度"选项。

◆亮度：此选项用于控制图像的明暗程度，向左拖曳滑块即可调暗图像，如下左图所示，向右拖曳即可调亮图像，如下右图所示。

◆对比度：此选项用于控制图像中明部与暗部之间的对比程度，设置的参数值越大，图像的对比度越强。

◆使用旧版：勾选该复选框将采用传统的老版本 Photoshop 的计算原理对图像的明暗度调整进行处理。

◆自动：单击该按钮，会根据打开的图像效果自动对亮度和对比度进行调整，如下左图为单击"自动"按钮，更改亮度和对比度参数，得到的图像效果如下右图所示。

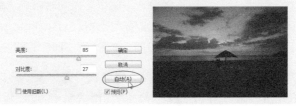

打开一张在暗光环境下拍摄的静物图片，执行"图像＞调整＞亮度/对比度"菜单命令，打开"亮度/对比度"对话框，在对话框中先对"亮度"进行设置，由于此图像明显偏暗，所以把"亮度"滑块向右拖曳，提高图像亮度，为了加强对比效果，再把"对比度"滑块向右拖曳，经过设置不但提高了图像的亮度，让画面到了正常曝光的效果，同时也增强了对比效果。

技巧提示：使用调整图层调整图像明暗

Photoshop 中除了可以使用"图像"菜单中的"调整"命令来调整图像的明暗度外，也可以使用调整图层进行调整。在"调整"面板中单击调整命令对应的按钮，即可在"图层"面板中生成对应的调整图层，利用调整图层调整图像可以完整地保留原始的图像效果。

5.5.4 "曝光度"命令

在照片的拍摄过程中，经常会因为照片曝光过度导致图像偏白或者因为曝光不足导致图像偏暗，这时就可以通过"曝光度"命令来调整图像的曝光度，使图像恢复到正常曝光效果。执行"图像 > 调整 > 曝光度"菜单命令，打开如右图所示的"曝光度"对话框。

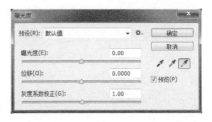

◆ 曝光度：用"曝光度"选项可调整图片的光感强弱，即设置图像的曝光度，向左拖曳滑块将降低曝光度使图像变得更暗，向右拖曳滑块将提高曝光度使图像变亮，下面三幅图像分别展示了设置不同曝光度后得到的图像效果。

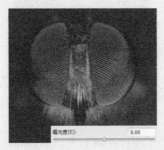

◆ 位移：用来减淡或加深图像灰色部分，可以消除图像中的灰暗区域，增强画面的清晰度。

◆ 灰度系数校正：使用简单的乘方函数调整图像的灰度系数，可通过拖曳选项滑块或输入数值进行设定。

◆ "在图像中取样以设置黑场"按钮：将设置"位移"，同时将单击的像素调整为零。

◆ "在图像中取样以设置灰场"按钮：用于设置"曝光度"，同时将单击的像素调节为白色。

◆ "在图像中取样以设置白场"按钮：用于设置"曝光度"，同时将单击的像素变为中度灰色。

打开一张曝光不足的图像，执行"图像 > 调整 > 曝光度"菜单命令，打开"曝光度"对话框，在对话框中先对"曝光度"进行调节，向右拖曳"曝光度"滑块至 +2.67 位置，再把"灰度系数校正"滑块拖曳至 1.04 位置，设置后可以看到对图像的曝光进行了调整，显示了更为清晰的图像，具体操作如下图所示。

5.5.5 "阴影/高光"命令

应用"阴影/高光"命令可以调整图像的阴影和高光部分，修复图像部分区域过亮或过暗的效果，适用于校正由强逆光而形成剪影的照片，或校正由于太接近闪光灯而有些发白的照片的校正。执行"图像 > 调整 > 阴影/高光"命令，将打开如下图所示的"阴影/高光"对话框，在对话框中勾选"显示更多选项"复选框，将会显示出更多的调整选区，如右图所示，使用这些选项可对图像的阴影与高光进行单独的调节。

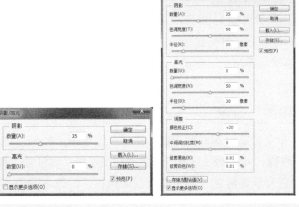

◆阴影数量：用于设置图像中阴影部分的亮度，向左拖曳滑块则阴影变暗，向右拖曳滑块则阴影变亮。

◆高光数量：用于设置图像中高光部分的亮度，向左拖曳滑块降低高光部分的亮度，向右拖曳滑块提高高光部分的亮度。

◆色调宽度：控制阴影或高光中色调的修改范围。

◆半径：控制每个像素周围的局部相邻像素的大小。

◆颜色校正：允许在图像所包含的色调范围内，对区域中部分颜色进行细微的调整。

◆中间调对比度：调整中间调图像的明暗对比，向左移动滑块会降低对比度，向右移动滑块会增加对比度。

◆修剪黑色：指定在图像中将多少阴影剪切到极端阴影，即色阶值为 0，参数越大，生成的图像对比度越大。

◆修剪白色：指定在图像中将多少高光剪切到极端高光，即色阶值为 255。

打开一张在暗光环境下拍摄的静物图片，执行"图像 > 调整 > 阴影 / 高光"菜单命令，在打开的"阴影 / 高光"对话框设置阴影"数量"为 30%，设置后在图像窗口中看到提亮了阴影部分的亮度，暗部的图像被清楚地显示出来，具体操作如下图所示。

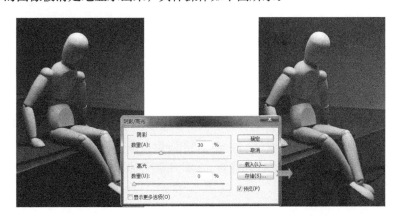

5.6 控制画面风格的命令

应用 Photoshop 中除了可以对图像的明暗进行调整，还可以图像的颜色进行调整。在 Photoshop 中提供了多个用于调整图像色彩的菜单命令，在处理图像或做设计时，我们可以应用这些命令对画面整体或局部颜色进行调整，获得更加漂亮的图像效果。

5.6.1 "自然饱和度"命令

在"自然饱和度"命令可以增加或减少图像中颜色的强度，即控制色彩鲜艳程度。使用"自然饱和度"命令调整颜色时，可以通过设置"自然饱和度"和"饱和度"来控制增强的颜色浓度，数值越大，得到的图像色彩就越鲜艳。如下图所示为执行"图像 > 调整 > 自然饱和度"命令后打开的"自然饱和度"对话框。

◆ 自然饱和度：用于提高画面整体的颜色浓度，向左拖曳滑块或在数值框中输入负数则降低图像颜色浓度，向右拖曳滑块或在数值框中输入正数则提高图像颜色浓度。

◆ 饱和度：用于提高图像整体的颜色鲜艳度，其调整的程度比"自然饱和度"选项更强一些。

打开一张色彩偏淡的照片，执行"图像 > 调整 > 自然饱和度"菜单命令，打开"自然饱和度"对话框，在对话框中向右拖曳"自然饱和度"和"饱和度"滑块，让照片中的整体颜色变得更加鲜艳，具体操作如右图所示。

5.6.2 "色相 / 饱和度"命令

"色相 / 饱和度"命令可以有针对性地对特定颜色的色相、饱和度和明度进行调整，使用它可以有选择性地调整画面中的部分颜色。由于"色相 / 饱和度"是基于色彩三要素对不同色系的颜色进行调整的，因此所获得的调色效果会更加丰富。

执行"图像 > 调整 > 色相 / 饱和度"菜单命令，或按下快捷键 Ctrl+U，将会打开如右图所示的"色相 / 饱和度"对话框。在对话框中用户可以根据需要选用要调整颜色，并对其色相、饱和度、明

度进行设置，也可以使用"着色"功能，把彩色图像转换为单色调图像。

◆预设：单击"预设"下拉列表框右侧的下拉按钮，在打开的下拉列表中选择系统预先设置好的色相 / 饱和度调整效果，实现图像的快速调整。

◆编辑：用于选择要调整的基准颜色，在其下拉列表中可以选择要改变的颜色为红色、蓝色、绿色、蓝色或全图。如在"编辑"下拉列表中选择"红色"，则通过拖曳"色相""饱和度"和"明度"选项的滑块位置，如下左图所示，此时图像中的红色部分会发生变化，如下右图所示。

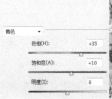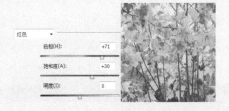

◆色相：色相是各类色彩的相貌称谓，"色相"选项用于改变指定色系的颜色，通过滑块或输入数值进行调整。

◆饱和度：饱和度是指色彩的鲜艳程度，"饱和度"选项用于指定色系的饱和度，即颜色的鲜艳程度。

◆明度：明度是指图像的明暗程度，"明度"选项用于调整执行颜色的明暗度，向左拖曳滑块图使颜色变暗，向右拖曳滑块可使颜色变亮。

◆目标调整工具：使用此工具在色相条上进行操作，可以改变目标颜色的色相和影响范围。

◆着色：勾选该复选框，可以转换为单色调效果，同时结合"色相"和"饱和度"选项控制图像的色调，如下两幅图像所示为设置的单色调图像。

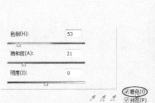

打开一张风景照片素材，执行"图像 > 调整 > 色相 / 饱和度"菜单命令，打开"色相 / 饱和度"对话框，在这里我们要把春日拍摄的图像调整为秋日美景，因此在对话框中单击编辑右侧的倒三角形按钮，在展开的列表中选择"黄色"选项，然后向左拖曳"色相"滑块至为 -30 位置，把画面中的黄色更加为靓眼的红色，再将"饱和度"滑块向右拖曳，提高调整后的黄色饱和度，设置后可以看到图像中原本显示为浅黄色的树叶变为了红色，呈现出了绚丽的金秋美景，具体操作如下图所示。

5.6.3 "色彩平衡"命令

"色彩平衡"命令可以调整图像阴影区、中间调和高光区的各部分色彩，并使用混合物色彩达到平衡。"色彩平衡"命令是基于三原色原理而操作，它通过三基色与三补色之间的互补关系实现色彩平衡的校正与调整。执行"图像 > 调整 > 色彩平衡"菜单命令，或按下快捷键 Ctrl+B，将弹出右图所示的"色彩平衡"对话框。

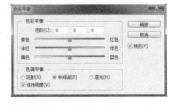

◆ 色彩平衡：在此选项组中拖曳滑块，或直接改变"色阶"选项中的参数进行颜色的添加与删减，从而更改画面的色调。如下左图为原始图像，在"色彩平衡"对话框中，向右拖曳"黄色、红色"滑块，减少黄色，增加红色，如下中图所示；在"色彩平衡"对话框中向左拖曳"黄色、蓝色"滑块，减少黄色，增加蓝色，如下右图所示。

◆ 阴影/中间调/高光：在调色的过程中，可以分别单击按钮对画面中的阴影、中间调和高光区域的颜色进行调整，下面三幅图像分别为设置"色阶"为 +72、0、+65 时，单击"阴影""中间调"和"高光"单选按钮时所得到的效果。

◆保持明度：勾选此复选框，可以在调整色彩平衡时保持图像颜色的整体明度，默认情况下多为已勾选状态。

打开一张需要调整颜色的图像，执行"图像＞调整＞色彩平衡"菜单命令，打开"色彩平衡"对话框，在对话框中先向右拖曳"青色－红色"滑块，增加红色，再向左拖曳"黄色－蓝色"滑块，增加黄色，设置后可以看到图像颜色发生了明显变化，展现了更加温馨的室内小景效果，具体操作如右图所示。

5.6.4 "可选颜色"命令

"可选颜色"命令可以针对 RGB 模式、CMYK 模式或灰度等颜色模式的图像进行分通道调整颜色，它可在构成图像的颜色中选择特定的颜色进行删除，或者与其他颜色混合来改变图像颜色。"可选颜色"命令主要针对 6 种不同的色系，即红色、黄色、绿色、青色和洋红，适合于调整基于 CMYK 颜色模式的图像。执行"图像＞调整＞可选颜色"菜单命令，打开如右图所示的"可选颜色"对话框，在对话框中选择要调整的颜色，再对其油墨比进行设置，从而控制图像的色彩变化。

◆颜色：在"颜色"下拉列表中可以选择所需要调整的颜色区域，包括"红色""黄色""青色"以及"黑色"等多个颜色，选择不同的选项，即可对与之相对应的图像区域进行颜色调整。

◆方法：在该选项中包含了"相对"和"绝对"两个单选按钮，单击"相对"按钮，可调整现有的 CMYK 的色阶值，假如图像中现有 50% 的红色，如果增加了 10%，那么实际增加的红色就是 5%，即增加后的红色为 55%；如果单击"绝对"按钮，则调整颜色的绝对值，即假如图像中现有 50% 的红色，如果增加了 10%，那么增加后就有 60% 的红色，由此可以看出"绝对"调整效果比"相对"调整效果要强。

打开一张需要调整颜色的图像，执行"图像＞调整＞可选颜色"菜单命令，打开"可选颜色"对话框，在对话框中单击"颜色"选项右侧的倒三角形按钮，在展开的下拉列表中选择"黄色"选项，然后在下方对画面中的黄色油墨含量进行调整，依次输入颜色百分比为 +100、-4、-17、0，设置后可以看到原图像中黄色的鞋子变为了清新的果绿色，具体设置如下图所示。

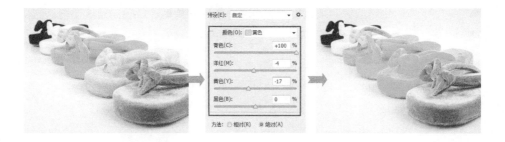

5.6.5 "通道混合器"命令

"通道混合器"命令可以通过混合当前颜色通道来改变其他颜色通道的颜色，可混合当前颜色通道中的像素与其他颜色通道中的像素，以此来改变通道的颜色，显示出一些其他颜色调整工具不易达到的效果。

执行"通道混合器"菜单命令后，会打开如右图所示的"通道混合器"对话框，在对话框中可以选择不同的通道进行混合，从而创建出各种不同的图像效果。

◆预设：在"预设"下拉列表框中可以选择系统自带的预设值，对图像进行调整，选择不同的预设选项将会得到不同的画面效果。如下左图为打开的原图像效果，右侧的两幅图像为选择"红外线的黑白（RGB）"和"使用橙色滤镜的黑白（RGB）"选项时所得到的图像效果。

◆输出通道：选择设置所输出的通道，包括红色通道、绿色通道和蓝色通道3种，选择不同的通道后即会通过该通道输出调整图像。

◆源通道：在"源通道"选项区中，可以设置红色、绿色和蓝色之间的强度，数值越大，该颜色的饱和度就越强。

◆常数：用于设置所调整图像的明暗关系，向右拖曳滑块可以使图像变亮，向左拖曳滑块可以使图像变暗。

◆单色：勾选该复选框，可以将图像转换为单色的图像效果，并且通过调整"源通道"中的选项控制黑白图像的明暗变化，其作用与应用"黑白"命令时将图像变为黑白效果类似。如下左图所示为勾选复选框，右图为转换的单色效果。

打开一张需要调整颜色的图像,执行"图像>调整>通道混合器"菜单命令,打开"通道混合器"对话框,在对话框中单击"输出通道"右侧的倒三角形按钮,在展开的列表中选择"蓝"选项,选择"蓝"通道为输出通道,再设置颜色比为 +58、+37、+109,设置后单击"确定"按钮,应用设置的参数调整图像,变换图像的颜色,具体操作如下图所示。

5.6.6 "渐变映射"命令

利用"渐变映射"命令可以赋予图像新的渐变色彩,通过此命令可以尝试多种创造性的颜色调整效果,它将亮度值与所选颜色渐变经过重新映射的方式来对图像进行着色,并同时保留图像颜色的深浅,只在最接近白色时才会保持原照片的色彩。打开图像后,执行"图像 > 调整 > 渐变映射"菜单命令,即可打开如下图所示的"渐变映射"对话框。

◆灰度映射所用的渐变:此选项用于设置渐变色,单击下方的渐变条右侧的倒三角形按钮,会展开渐变面板,在面板中可选择预设的渐变颜色,如下左图所示;也可以单击渐变条,打开"渐变编辑器"对话框,在对话框中自行定义渐变颜色,如右图所示。

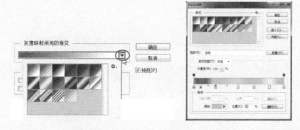

◆仿色:勾选该复选框后,对转变色阶后的图像进行仿色处理,使图像色彩过渡更加和谐。

◆反向:勾选该复选框可以反转转变后的色阶,将颜色进行反向显示,即呈现出负片的效果。

打开一张素材图像,单击"调整"面板中的"渐变映射"按钮,创建"渐变映射 1"调整图层,在打开的"属性"面板中对渐变的颜色进行设置,然后在"图层"面板中将调整图层的混合模式更改为"柔光",打造出灿烂的日落效果,具体操作如下图所示,可以看到经过处理后的图像色彩层次感更强,更能表现出强烈的日落气氛。

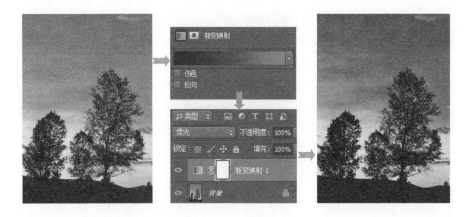

技巧提示：图层混合模式的切换

使用调整图层调整图像颜色时，可以对调整图层的混合模式进行更改。要更改混合模式时，单击"图层"面板中的"设置图层的混合模式"下拉按钮，在打开的下拉列表中进行选择，也可以按下键盘中的上、下、左、右方向箭头，快速地在各种模式之间切换。

5.6.7 "变化"命令

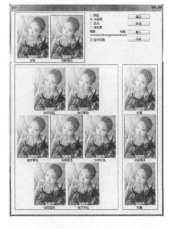

"变化"命令可以对图像的色相、饱和度和亮度进行全图的调整，并且能够实时预览到几个不同的调整效果。"变化"命令是通过添加互补色来对图像色调进行变化的，可以进行细致的颜色调整，也可以开启"显示修剪"来提示不要生成超出色域的颜色，让图像的调色操作更加方便、直观。

打开图像后，执行"图像 > 调整 > 变化"菜单命令，即可打开如右图所示的"变化"对话框，在对话框中通过单击需要加深的颜色图标，即可快速完成图像的调色操作。

◆阴影 / 中间调 / 高光 / 饱和度：单击按钮分别对图像的阴影、中间调和高光部分应用变化调整，如果单击"饱和度"按钮，则对图像的饱和度进行处理。下面的四幅图像分别展示了对阴影、中间调、高光加深黄色和加深饱和度后的效果。

◆精细 / 粗糙：拖曳"精细 / 粗糙"滑块可以确定每一次调整的量，当滑块越靠近粗糙时，图像调整的量越大，效果越明显，如下左图所示；反之，越靠近精细，图像调整的量越小，效

果越不明显，如下右图所示。

◆加深颜色：单击"加深颜色"选项组中的任意选项，可以增加对应的颜色，每单击一次，对应颜色增加一次，同时在对话框左上角的预览框中会显示调整前与调整后的效果。

打开一张素材图像，执行"图像 > 调整 > 变化"菜单命令，在打开的"变化"对话框中通过单击两次"加深黄色"图标，加深黄色效果，再单击一次右侧的"较亮"图标，提亮图像，设置后单击"确定"按钮，调整图像颜色，具体操作如下图所示。

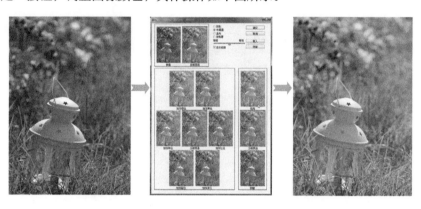

5.6.8 "黑白"命令

彩色图像可以赋予图像更多色彩上的活力，而黑白图像则透过更多细节、构图等来表现画面的张力与感染力。在 Photoshop 中可以使用"黑白"命令快速将彩色图像转换为灰度图像，并保持对各颜色的转换方式的完全控制，还可以通过对图像应用色调来为灰度图像着色，创建特殊色调效果。

执行"图像 > 调整 > 黑白"菜单命令，打开"黑白"对话框，如右图所示，在对话框中用户可以运用预设快速转换黑白图像，也可以通过拖曳下方的选项滑块来调出更精细的黑白图像效果。

◆预设：在"预设"下拉列表中提供了多个系统预先设置好的黑白效果，通过单击"预设"选项右侧的下拉按钮，在打开的下拉列表中即可选择这些预设选项，创建黑白图像。下面的几幅图分别为选择不同选项时所得到的图像效果。

◆ 自动：单击"自动"按钮，系统会根据图像的颜色值设置灰度混合，并对各颜色滑块进行调整，使灰度值的分布最大化以创建最佳黑白效果。如下左图所示，单击"自动"按钮，更改颜色，得到如右图所示的黑白图像。

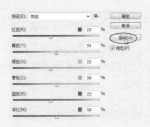 

◆ 色调：勾选"色调"复选框，可以激活下方的"色相"和"饱和度"选项，如下左图所示，调整这两个选项，将会对图像着色，转换为单色调图像，效果如下右图所示。

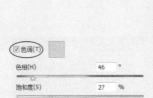 

打开一张素材图像，执行"图像 > 调整 > 黑白"菜单命令，打开"黑白"对话框，在对话框中单击"自动"按钮，应用自动调整创建黑白图像，再把"红色"滑块向左拖曳至 -6 位置，把"黄色"滑块拖曳至 253 位置，其他参数不变，设置后单击"确定"按钮，调整图像得到高对比度的黑白图像，具体操作如下图所示。

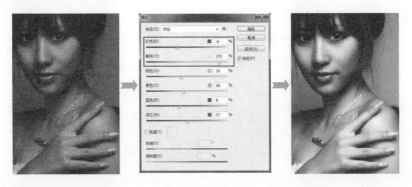

5.6.9 "HDR 色调"命令

HDR 为高动态渲染范围的英文缩写，HDR 图像亮的地区非常亮，暗的地方非常暗，且亮暗部的细节都非常明显。

Photoshop 中运用"HDR 色调"命令可以轻松制作出漂亮的 HDR 影像效果。打开图像后，执行"图像 > 调整 >HDR 色调"菜单命令，即可打开如右图所示的"HDR 色调"对话框，在对话框中可以选用"预设"选项快速转换 HDR 色调效果，也可以手动调整各参数，创建更自由的 HDR 色调效果。

◆ 预设：在"预设"下拉列表中提供了多个系统预先设置的 HDR 效果，只需要在该列表中单击选项就可以应用并创建 HDR 色调效果。如下左图所示为打开的原图像效果，中图和右图分别为选择"单色艺术效果"和"逼真照片高对比度"选项后创建的 HDR 色调效果。

◆ 半径：此选项用于指定局部区域亮度的大小，设置的参数越大，图像中局部区域的亮度就越亮。

◆ 强度：用于指定两个像素的色调值相差多大时，将属于不同的亮度区域，当"半径"值一定时，设置的数值越大，画面效果越明显，如下两幅图像设置"半径"为 191 时，分别将"强度"设置为 0.5 和 4.00 时的效果。

◆ 平滑边缘：勾选该复选框，可以使得图像中中间调区域的图像边缘更加平滑。

◆ 灰度系数：当此选项的参数设置为 1.0 时动态范围最大，较低的设置则会加重中间调，而较高的设置则会加重高光和阴影。下面的三幅图像中分别将灰度灰数值设置为 3、1.00、0.50 时得到的 HDR 色调效果。

◆曝光度：此选项用于控制光圈的大小，即画面中图像的明暗程度。

◆细节：用于控制图像的锐化程度，参数越大，图像就越清晰。

◆阴影：此选项用于控制图像中阴影区域的明暗程度，拖曳滑块或直接输入参数即可。

◆高光：此选项用于控制图像中高光区域的明暗程度，通过拖曳滑块或直接输入参数即可。

◆自然饱和度：此选项可调整细微颜色强度，同时尽量不剪切高饱和度颜色。

◆饱和度：用于调整图像颜色的浓度，其调整的程序比自然饱和度更强，它可以调整从 –100 到 +100 之间的所有颜色的强度，下面三幅图像为设置不同饱和度时的图像效果。

◆色调曲线和直方图：单击选项后的三角形按钮，可以展开隐藏的设置，能够通过从点到点限制所做的更改并进化色调均化，达到重塑画面直方图的目的，如下图所示。

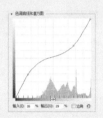 

打开一张建筑图像，执行"图像 > 调整 >HDR 色调"菜单命令，打开"HDR 色调"对话框，在对话框中单击"预设"下拉按钮，在展开的列表中选择"逼真照片高对比度"选项，先用预设调整图像，再依次对各参数做进一步的设置，输入"半径"为 138，"强度"为 2.31，"灰度系数"为 2.33，"自然饱和度"为 –35，"饱和度"为 +10，其他参数不变，单击"确定"按钮，调整图像，具体操作如下图所示。

技巧提示：开启 HDR 拾色器

当创建的 HDR 图像为 32 位通道时，可以利用 HDR 拾色器准确查看和选择要在 32 位 HDR 图像中所使用的颜色。单击工具箱中的"前景色色块"或"背景色色块"即可打开"HDR 拾色器"。

5.7 随堂练习——调出色彩绚丽的风景大片

色彩的调整和管理是为了优化和润饰图像，使画面达到突出主题，营造氛围目的。在本章前面的小节中学习了 Photoshop 中较为常用的一些调整命令与调整技法。本实例即将运用所学调整命令对图像进行颜色的调整，通过分别对图像的明暗和色调进行处理，打造出色彩绚丽的风景大片。

【关键知识点】

◆ 用"曲线"命令调整图像明暗
◆ 使用"色阶"调整图像加强对比效果
◆ 结合"色相/饱和度"和"自然饱和度"命令调整颜色鲜艳度

【实例文件】

素 材：
资源包\素材\05\01.jpg
源文件：
资源包\源文件\05\调出色彩绚丽的风景大片.psd

【步骤解析】

❶打开图像复制图层

打开资源包中的素材\05\01.jpg 素材图像，选择并复制"背景"图层，得到"背景拷贝"图层，将图层混合模式设置为"柔光"，"不透明度"为 50%。

02 创建选区选择图像

单击工具箱中的"快速选择工具"按钮 ✐，在选项栏中设置画笔笔触大小为 30，用鼠标在天空部分单击，创建选区。

03 调整选择范围

执行"选择 > 修改 > 羽化"菜单命令，打开"羽化选区"对话框，在对话框中输入"羽化半径"为 100，单击"确定"按钮，羽化选区。

04 设置"曲线"

单击"调整"面板中的"曲线"按钮 ，新建"曲线 1"调整图层，打开"属性"面板，对天空的颜色进行调整，选择"红"通道，单击并向下拖曳曲线，选择"蓝"通道，单击并向上拖曳曲线，再选择 RGB 通道，单击并向下拖曳曲线。

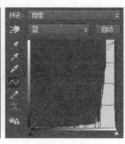
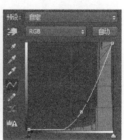

05 查看调整效果

完成曲线形状的调整后，返回图像窗口，在窗口中可以看到经过调整后天空部分的层次感得到了展现。

06 载入选区设置调整区域

按下 Ctrl 键不放，单击"曲线 1"图层蒙版，载入选区，执行"选择 > 反向"菜单命令，反选选区，选中山景部分。

⓪⑦设置"曲线"调整明暗

单击"调整"面板中的"曲线"按钮，新建"曲线2"调整图层，并在"属性"面板中对曲线进行设置，调整图像，增强对比效果。

⓪⑧设置"色阶"提亮中间调

再次载入选区，新建"色阶1"调整图层，并在"属性"面板向左拖曳灰色滑块，提亮中间调部分，单击"色阶1"蒙版，用黑色画笔适当涂抹，调整色阶范围。

⓪⑨设置"色阶"增强对比

按下Ctrl键不放，单击"曲线2"图层蒙版，载入选区，新建"色阶2"调整图层，并在"属性"面板中向右拖曳黑色滑块，向左拖曳白色滑块，调整图像，增强对比效果。

①⓪盖印并锐化图像

按下快捷键Ctrl+Shift+Alt+E，盖印图层，执行"滤镜 > 锐化 >USM 锐化"菜单命令，在打开的对话框中设置"数量"为70，"半径"为2.0，单击"确定"按钮，锐化图像。

①①用"色相 / 饱和度"调整颜色

新建"色相/饱和度1"调整图层，打开"属性"面板，在面板中设置"饱和度"为+20，再分别对"红色"和"黄色"进行处理，调整图像的颜色。

①②设置"自然饱和度"增强色彩

新建"自然饱和度1"调整图层，打开"属性"面板，在面板中设置"自然饱和度"为+50，"饱和度"为+10，进一步提高图像的色彩鲜艳度。

5.8 课后习题——突出主题的人像调色

　　本章学习了如何使用 Photoshop 中的调整命令对图像进行调色，下面为了巩固前面所学的知识，为大家准备了一张素材图像，结合前面学习知识对这些图像的颜色进行调整，将其打造为目前流行的时尚大片效果。

【实例文件】

素　材：
资源包\素材\05\02.jpg
源文件：
资源包\源文件\05\突出主题的人像调整.psd

【操作要点】

　　◆ 打开图像后，创建"曲线"调整图层，分别对画面中间部分和边缘部分的图像明暗进行调整，提高对比，加强画面层次感；

　　◆ 运用"色相/饱和度"对画面的颜色饱和度进行调整，使图像颜色变得鲜艳，再结合"色彩平衡"命令和"可选颜色"对局部颜色进行处理；

　　◆ 使用"曲线"调整单个通道亮度，制作出复古的色调效果，最后添加文字加以修饰，完成时尚大片的调整。

Chapter 06

合 成

　　前面的章节介绍了抠图与修图等知识，下面对图像合成技法进行讲解。我们从各种杂志封面、广告设计、海报设计、照片后期中都可以看到合成的图像效果。将一些图像进行简单的合成处理，不但可以让画面更加漂亮，还能增强图像的表现力和感染力，从而吸引更多的注意力。

　　Photoshop 提供了通道和蒙版两大核心功能，使用这两个功能可以实现更加自然的图像合成。为了让大家学到更为有用的图像合成技法，本章节会为大家讲解如何让合成图像更逼真以及通道、蒙版在合成图像的应用方法。

本章内容

6.1 合成从哪里入手

在开始学习图像合成之前，首先需要知道图像合成从哪里入手。在合成图像时是从背景入手还是从主体入手呢？其实这个问题并没有一个相对准确的答案。就笔者来说，75% 的时候，我会选择先处理主体对象，然后再为它们选择一个合适的背景。而且大多数时候，在做图像合成时，需要先在脑海中对最终的图像有一定简单构思，然后根据构思选择素材，再进行一系列的尝试。

以下面这张图片为例子。原图像中的主体对象外形轮廓很清楚，我们可以使用工具箱中的快区工具就能将它选中，因此，对于这张图片来讲，先处理主体对象更为适合。通过对选择图像的明暗、色彩进行调整，使主体对象变得更加漂亮。

当选择了主体对象后，可以通过添加蒙版的方式把人物原来的背景隐藏起来，这样再把一张合适的背景复制到主体对象下方就能得到一个非常不错的效果。

当然并不是所有图片的合成操作都是主体从对象入手，如果我们对背景的把握够准确的话，知道背景应该是什么样的时候，我们就可以选择从背景入手。大多数时候，背景可以影响图像的整体效果，相同的主体对象在不同的背景烘托下会带给人不同的感受，如下面两幅图所示。画面中的主体对象相同，但是将其合并到不同背景后，画面产生了不同的效果。

6.2 合成逼真的画面效果

在合成图像的时候，并不是只要将一些图像随意地拼合到一起就行了，更多的时候需要考虑画面的美观感和真实感。对于很多人来讲，合成的图像总是会存在很多的小问题，导致合成出来的图像很"假"。那么，如何才能让我们合成的图像更为逼真呢，总结起来包括以下几个小点。

1. 建立图片库

在合成图像的时候，素材的选择是非常重要的，只有选择了一个合适的素材图像，才能让我们在合成图像的过程中能够快速达到很满意的效果。如果你对素材的选择把握并不是很准，那么可以尝试选用不同的图像进行简单的处理，看是不是能够得到不错的效果，在这个时候，准备好大量的素材图像就会显得很重要。当想要在图像中添加一些元素，但你却没有这些素材时，即使你的软件使用得再熟练也没用，正所谓"巧妇难为无米之炊"。当我们开始合成图像之前，首先就需要建立个人的图片库，将一些好看的素材分门别类地放在图片库中，便于能够在合成图像的过程中快速找到合适的素材。

如右图所示，将照片导到到计算机中，然后在计算机中创建新的文件夹，并把这些照片分别归类放置到不同的文件夹中；当双击不同的文件夹时，就会打开相应的文件夹，并在文件夹中显示所对应的图像素材。

2. 在 Photoshop 中进行选区

图像合成的所有操作都围绕着 Photoshop 中的选择功能进行。没有一个好的、干净的选区，你的作品合成之后会让人感觉画面造假严重，没有美感。所以，若要让合成的图像更逼真，需要把用于合成的元素准确地选择出来，并应用到对应的画面中，如右侧图像中，前一幅图像创建的选区较生硬，使抠出的图像边缘显得不是很干净，而第二幅图像，创建的选区较柔和，选择的小猫更为完整、干净。

3. 用色彩把元素联系到一起

色彩是合成照片过程中的关键因素，它不仅可以增加图像的整体表现力，还能使图像更加真实自然。当一个画面中包括了多个不同的元素时，通过对画面中的各个颜色元素分别进行颜色的调整，使得这些元素的颜色更为统一，增强画面的协调感，同时也能让合成之后的图像更为逼真，如下左图所示为合成图像后未调整颜色时的效果，会发现树叶边缘与下方的天空没有融合在一起，而右图经过调整后，画面中的所有元素融合得更为自然、逼真。

4. 细节的取舍

"细节决定成失败"固然没错，但是在合成图像的时候，过于追求一些小细节，不但不能达到很好的效果，说不定还会浪费大量的时间。所以在处理一些图像的时候，可以尝试忽略一些小的细节问题，选择一些更为恰当的处理方式，也许能得到意想不到的效果。以下面的图像为例。原图像中人物背景颜色是灰色的，选择整个人物图像时，如果将其置于白色背景后，头发的边缘会看到很多的锯齿，而如果我们把它置于深色的背景中，可以看到即使不对其进行调整，也能与深色的背景很自然地融合到一起。

5. 舍弃脚部或让其暗下来

在合成图像的时候，如果素材中出现了脚部区域，那么在合成图像时，一旦设置不合理，那么就会让感觉到图像中的主体人或动物"浮"于画面上方，导致图像看起来不真实。如果没有特别的要求，在合成图像的时候，尽量不要将人物或动物的脚部包含到合成的图像中。

当我们合成图像的时候，画面需要有脚部区域时，要让画面看起来真实，那么就需要在脚部周围做文章。通过对脚部周围的阴影和光线进行调整，使其暗下来，这样会让观者的视线集中到图像中的亮部区域，而不再将注意力放在脚部。

6.3 图像合成之通道

图层、蒙版和通道是 Photoshop 的三大核心作用功能。通道在图像合成中应用非常广泛，利用通道可以准确地选择并合成图像。在 Photoshop 中包括了多种不同类型的通道，通过编辑通道图像，可以在各种不同的图像之间实现图像的自然拼合，在下面的小节中会对通道相关基础知识进行讲解。

6.3.1 **通道的分类**

学习通道合成图像前，首先要知识通道的分类。通道作为图像的组成部分，它与图像的格式密不可分，不同颜色模式的图像在"通道"面板中所显示出来的颜色通道数量也会不一样。通道是由遮板演变而来，也可以说通道就是选区。通道只有在依附于其他图像存在时，才能体现其功能。

Photoshop 中通道的种类有很多，主要包括颜色通道、专色通道、Alpha 通道、临时通道 4 种。不同种类的通道在"通道"面板中显示出来的效果均不一样。

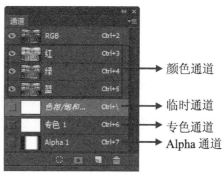

1.颜色通道

颜色通道主要用于保存色彩。在 Photoshop 中编辑图像时，实际上就是在编辑颜色通道，颜色通道是用来描述图像颜色信息的彩色通道，和图像的颜色模式有关，每个颜色通道都是一幅灰度图像，只代表一种颜色有明暗变化。通过调整颜色通道的明度可以达到更改图像颜色的目的。

若打开的图像为 Lab 颜色模式，则显示 Lab 复合通道和明度、a、b 这 3 个颜色通道，如下左图所示；若打开的图像为 CMYK 颜色模式，则显示 CMYK 复合通道和青色、洋红、黄色、黑色 4个人颜色通道，如下右图所示。

2.Alpha 通道

Alpha 通道是计算机图形学术中的术语，指的是特别的通道。Alpha 通道有两大用途，一是它可以将我们创建的选区保存起来，以后需要时，可重新载入到图像中使用；二是在保存选区时，它会将选区转换为灰度图像，存储于通道中。Alpha 通道相当于一个 8 位灰阶图，也就是有 256 个不同的层次，它支持不同的透明度，显示为灰度图像，相当于蒙版的功能。在 Alpha 通道中，白色代表了可以被完全选中的区域；灰色代表了可以被部分选中的区域，即羽化的区域；黑色则代表了位于选区之外的区域。

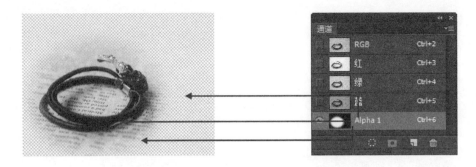

3. 专色通道

专色通道是用来存储印刷中使用的专色通道。专色是特殊的预混油墨，如荧光黄色、珍珠蓝色、金属银色等。由于印刷色油墨无法展现出金属和荧光等炫目的色彩，所以在处理图像时，使用这些专色来替代或补充印刷色（CMYK）油墨。每个专色通道都会以灰度图形式存储相应的专色信息，这与其在屏幕上的彩色显示无关。一般情况下会使油墨的名称来为专色通道命名，如下右图所示的图形背后填充的即是一种专色。

4. 临时通道

临时通道是在"通道"面板中暂时存在的通道。当为图像创建了图层蒙版或者是进入到快速蒙版时就会在"通道"面板中自动生成临时通道，如下图所示，当未选择创建了图层蒙版的图层或删除蒙版后，"通道"面板中的临时通道就会消失。

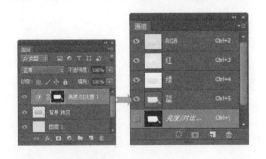 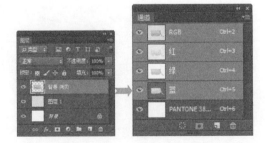

6.3.2 通道的工作方式

当我们打开 RGB、CMYK 或 Lab 模式的图像时，"通道"面板中最先列出的是复合通道，我们所看到的彩色图像便是该通道，如下左图所示。复合通道是由各个颜色通道组合之后生成的，因此，当复合通道激活时，所以颜色通道也都会处于被激活状态。我们在图像上绘画、应用滤镜或者进行颜色调整时，会影响所有颜色通道。如下右图所示为使用"曲线"命令调整"绿"通道图像，经过处理后会发现，所有颜色通道都发生了改变。

单击"通道"面板中的一个通道即可选择该通道，文档窗口中会显示出所选通道中的灰度图像，如下左图所示。选择通道图像后，在图像窗口中会以黑白色显示通道中的图像，此时便可对其进行编辑。

技巧提示：快速选择通道

在 Photoshop 中可以通过按下 Ctrl+ 数字组合键的方式快速选择通道。以 RGB 模式的图像为例，按下组合键 Ctrl+3、Ctrl+4、Ctrl+5，分别选择红、绿、蓝色通道；如果图像还包含 Alpha 通道，则可按下组合键 Ctrl+6 进行选择。

在使用通道编辑选区的实际操作中，有时看不到图像会影响我们的某些操作。例如，描绘对象边缘时，会因为看不到图像而无法定位边界。当我们遇到这种情况的时候，可以单击复合通道前的"指示通道可见性"图标，单击后 Photoshop 会显示图像并以一种颜色替代 Alpha 通道中的灰度图像，这种效果就类似于在快速蒙版状态下编辑选区的效果一样，如下左图所示。编辑完成通道后，可再单击 RGB 复合通道，激活所经颜色通道，重新显示彩色的图像，如下右图所示。

6.3.3 通道的创建与编辑

了解通道的分类和工作方式后，接下来就要学习通道的编辑。在进行图像的合成时，经常会遇到创建新通道、复制通道、载入通道选区以及删除多余的通道等情况。下面分别为大家讲解这些操作的实现方法。

1. 新建通道

新建通道是编辑通道最为基础的操作。Photoshop 中新建通道的方法有很多，通过单击"通道"面板底部的"创建新通道"按钮即可新建一个 Alpha 通道。如果文档中已创建了选区，如下左图所示，则单击"通道"面板中的"将选区存储为通道"按钮，将选区保存到新建的 Alpha 通道之中，如下右图所示。除位图图像外，其他类型的图像都可以创建并添加新通道。在图像上添加通道不会增加文件的大小，它相对于 Photoshop 来讲，只是添加了 8 位的灰度图像而已。

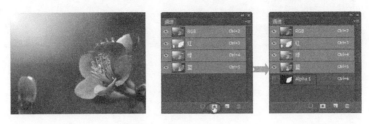

2. 复制通道

使用通道功能编辑图像时，需要先对通道进行复制，这样才能保证在编辑图像的过程中原始图像不会发生改变，这也是合成时必备的操作技法。要复制一个通道只需要将要复制的通道选中并拖曳至"创建新通道"按钮以后，释放鼠标复制通道，如下图所示。如果同时打开了多个图像文件，我们也可以使用"移动工具"将一个通像的通道拖曳复制到其他文档中。

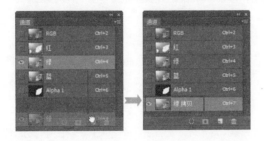

3. 调整通道中的图像

复制了通道后，接下来就可以对复制的通道进行编辑。Photoshop 中可以使用工具箱中的工具编辑通道图像，也可以使用"图像"菜单下的调整命令调整通道图像。通过调整通道内的图像，能够帮助我们从画面中把需要的图像选取出来。如下左图所示，选择复制的通道，执行"图像 > 调整 > 色阶"菜单命令，打开"色阶"对话框，在对话框中对三个滑块的位置进行调整，控制通道图像的明暗变化，设置后可以看到通道内的图像对比增强了，物体的轮廓被清楚地显示出来，如下右图所示。

4. 将通道作为选区载入

应用通道可以存储选区和载入选区，因此当我们将一个或多个通道中的图像以选区的方式载入。载入通道选区前，先要在"通道"面板中选中需要载入的通道，然后单击"通道"面板中的"将通道作为选区载入"按钮或者按住 Ctrl 键的同时单击通道缩览图，如下图所示，将选择通道中的图像载入为选区效果。

在 Photoshop 中，不但可以把单个通道中的图像作为选区载入，也可以同时载入多个通道为选区。载入多个通道选区的方法，先载入一个通道为选区，再按下快捷键 Ctrl+Shift 单击需要载入的另一个通道缩览图，下面的图像即为载入多个通道选区效果。

5. 显示 / 隐藏通道

单击"通道"面板中需要隐藏的通道前方的"指示通道可见性"按钮 👁，可以在显示和隐藏通道之间切换。连续单击各个颜色通道前的"指示通道可见性"按钮 👁，可以隐藏多个通道内的灰度图像。如下左图为合成后的图像效果，在通道面板中单击 RGB 通道和蓝通道前的"指示通道可见性"按钮 👁，将这两个通道内的图像隐藏，得到如下右图所示的画面效果。

6.3.4 计算通道图像

"计算"命令可以混合两个来自一个或多个源图像的单个通道，再将结果应用到新图像或新通道中。它的作用是，将两个通道内的图像进行叠加，得到新的图像效果，利用"计算"命令创建的通道和选区是不能生成彩色图像的，混合出的图像以黑、白、灰显示。

执行"图像 > 计算"菜单命令即可打开如下右图所示的"计算"对话框。在"计算"对话框中源 1 代表着混合色源，源 2 代表基色混，结果代表结果色图层。在"计算"图像时，如果是在两幅图像之间进行计算，则两个用于计算的图像尺寸必须相同，我们可以把计算的结果利用"计算"对话框中的"结果"选项以不同的方式输出。

◆源1：用来选择第一个源图像。

◆源2：用来选择与"源1"混合的第二个源图像、图层和通道。

◆图层：如果源文件为分层的文件，可以在"图层"选项中选择源图像中的一个图层来参与混合。

◆通道：用于设置源文件中参与混合的通道，单击"通道"右侧的三角形按钮，可以展开"通道"下拉列表，在其中可以选择所需要调整的通道，在同一张照片中，选择不同的通道，将得到不同的直方图效果。

◆反相：勾选该复选框，可以将通道反相后再进行混合。

◆混合：在该下拉列表中包括了多种可供选择的混合模式，只有选择其中一种混合模式才能混合通道、图层，如下三幅图像分别为选择"滤色""柔光"和"减去"混合模式时的混合效果。

◆不透明度：此选项用于控制通道或图层的混合强度，设置的值越高，混合的强度就越大。

◆蒙版：勾选"蒙版"复选框，将会显示蒙版选项。

◆结果：用于设置计算结果，包括"新建通道"、"新建文档"和"选区"3个选项。选择"新建通道"选项，计算结果会生成一个新的通道；选择"新建文档"选项，可生成一个新的黑白图像文件，原图像的通道无变化；选择"选区"选项，可得到一个新的选区，而不会创建新的通道或文档，如果以后还要使用这个选区，可以将它保存在通道中。

在图像窗口中打开两张需要进行混合的天空图像和室内静物图像，下面两幅图像为打开的图像效果，执行"图像 > 计算"菜单命令，打开"计算"对话框。

在打开的"计算"对话框中选择"源1"为天空素材，"通道"为"蓝"通道，选择"源2"为室内静物图像，设置混合模式为"正片叠底"如下左图所示，单击"确定"按钮，混合图像。

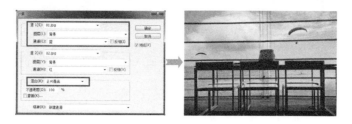

6.3.5 应用图像混合效果

"应用图像"命令与"计算"命令基本相同，它可以将一个图像的图层和通道与现用图像的图层和通道混合，得到特殊的合成图像效果。与"计算"命令不同的是，"应用图像"命令可以合成彩色的图像效果。如下图所示，打开两张素材图像，执行"图像>应用图像"菜单命令，打开"应用图像"对话框。

◆ 源：选择图像并设置图层或通道，默认为当前文件，也可以选择使用其他文件来与当前图像混合，但所选的文件必须打开，且与当前文件具有相同尺寸和分辨率。

◆ 图层：用于选择应用图像的图层，只有当源文件包含了多个图层时，此选项下才会显示较多的图层选项。

◆ 通道：用于设置源文件中混合的通道。

◆ 保留透明区域：勾选该复选框以后，可以将混合效果限定在图层的不透明区域内。

◆ 蒙版：勾选该复选框，可在展开的选项中选择包含蒙版的图像和图层。

在图像窗口中打开两张需要进行混合的人物素材和背景素材，如下图所示，选择当前文件为人物图像，执行"图像>应用图像"菜单命令。

打开"应用图像"对话框，在对话框中选择"源"为背景图像，单击"混合"下拉按钮，在展开的列表中选择"深色"选项，设置后单击"确定"按钮，混合图像，效果如下右图所示。

6.4 图像合成之蒙版

在 Photoshop 中，用户可以为图像创建蒙版，来创建选区，从而对选区进行编辑，还可以运用蒙版对指定的图像区域进行隐藏，对图像进行合成。运用蒙版合成图像时，需要对蒙版的概念、分类以及不同类别的蒙版的编辑有一个简单的了解，在下面的小节中会为大家讲解蒙版的使用与编辑方法以及蒙版在图像合成中的应用。

6.4.1 蒙版的概念

"蒙版"一词来源于摄影，是指用来控制照片不同区域曝光的传统暗房技术。Photoshop 中的蒙版与曝光无关，但它借鉴了区域处理这一概念。在 Photoshop 中，蒙版是一种用于遮盖图像的工具，利用它可以将部分图像遮住，从而控制画面的显示内容。使用蒙版不会删除图像，而只是将其隐藏起来，因此，蒙版是一种非破坏性的编辑工具。

蒙版是用于合成图像的重要工具，它能将不同的灰度色值转换为不同的透明度，使其作用图层上的图像产生相对应的透明效果，从而合成更有创意的画面效果。Photoshop 中蒙版分为好多种，其中包括图层蒙版、矢量蒙版、剪贴蒙版和快速蒙版，这些不同类型的蒙版都可以通过"图层"面板加以显示，如右图所示。

6.4.2 蒙版与选区的关系

蒙版与选区可以互相转换的，其中以快速蒙版与选区的关系最为密切，因为它本身就是用于编辑选择的工具，而矢量蒙版、剪贴蒙版和图层蒙版则包含有选区。如下左图所示，在打开的图像之中创建选区，单击"图层"面板底部的"添加图层蒙版"按钮创建图层蒙版，此时创建的选区就会转化到图层蒙版之中，如下右图所示。

在图像中创建选区后，如果单击"路径"面板中的"从选区生成工作路径"按钮，再执行"图

层 > 矢量蒙版 > 当前路径"命令创建矢量蒙版，则该选区又会变为路径，再转化到矢量蒙版中，如下右图所示。

创建蒙版之后，按下 Ctrl 键单击图层蒙版或矢量蒙版的缩览图，可以将蒙版中的选区载入到图像画面中，如右图所示。如果文档中有现成的选区，则载入蒙版选区时，也可以通过相应的按键来进行选择运算。

由于剪贴蒙版是以基底图层中的透明区域

来充当蒙版的，因此，如果要把剪贴蒙版载入选区，则需要按下 Ctrl 键单击基底图层的缩览图，将其从不透明区域中载入选区，如左图所示。

6.4.3 "蒙版"面板

使用蒙版功能可以完成多个图像之间的完全融合。当我们在学习使用各类蒙版合成图像前，首先需要对"蒙版"面板有一定的了解，才能在合成的过程中，运用它实现更精细的画面合成应用。

在 Photoshop 中运用"蒙版"面板可以快速地创建图层蒙版和适量蒙版，并对蒙版的浓度、羽化和调整等进行调整编辑，使蒙版的管理更加集中。选择图层蒙版中的蒙版，打开"属性"面板，在面板中就会显示如右图所示的"蒙版"选项。

◆蒙版预览框：通过此预览框可以看到蒙版的形状，且在其后显示当前创建的蒙版类型。
◆选择图层蒙版：单击该按钮可以为当前选择的图层创建一个图层蒙版。
◆添加矢量蒙版：单击该按钮可在选中的图层中创建一个矢量蒙版。
◆浓度：此选项可以设置蒙版的应用深度，参数越小蒙版的效果就越淡，默认值是 100%，如下左图所示，如果参数为 0%，蒙版的效果就被完全隐藏，如下右图所示。

◆羽化：此选项用于调整蒙版边缘的羽化效果，设置的参数越大，蒙版边缘的模糊区域就越大，即羽化区域越大，图像受蒙版影响就会变得朦胧；反之，参数越小，蒙版边缘模糊的区域就越小，即羽化区域越小，图像受蒙版的影响就越小。下面两幅图像为分别设置"羽化"值 180 像素和 20 像素时，合成的图像效果。

◆蒙版边缘：用于对蒙版的边缘进行调整，可以使合成的图像边缘更加干净。单击"蒙版边缘"
按钮，将打开"蒙版边缘"对话框，如下左图所示，在对话框中对各选项进行设置以调整边缘
效果不理想的蒙版，去除杂边让画面看上去更加干净。

◆颜色范围：可以选择蒙版影响的图像区域，单击"颜色范围"按钮，将打开如下右图所示
的"色彩范围"对话框，在对话框中单击或拖曳选项滑块，去蒙版影响范围进行调整，从而控
制蒙版显示范围。

◆反相：单击该按钮，可以将蒙版区域进行反相处理，原来遮盖的区域成为显示的区域，原
来显示的区域被隐藏。

◆"从蒙版中载入选区"按钮：单击"从蒙版中载入选区"按钮 ，可以将蒙版区域作为
选区载入。

◆"应用蒙版"按钮：单击"停用 / 启用蒙版"按钮 ，可以暂时隐藏蒙版效果，再次单
击即可显示蒙版效果。

◆"停用 / 启用蒙版"按钮：单击"应用蒙版"按钮 ，可以将蒙版效果应用到当前图层中。

◆"删除蒙版"按钮：单击"删除蒙版"按钮 ，即可将该图层中的蒙版删除。

如下图所示，打开一个背景素材和鞋子图像，把打开的鞋子图像复制到背景中，得到"图层 1"
图层，选中"图层 1"图层，单击"图层"面板底部的"添加蒙版"按钮 ，添加蒙版并单击该
蒙版缩览图，选中蒙版，执行"窗口 > 属性"菜单命令，打开"属性"面板，单击面板中的"颜
色范围"按钮。

打开"色彩范围"对话框，这里我们需要把鞋子原来的灰色背景隐藏，并合成到新的背景中，
所以单击"色彩范围"对话框中的"添加到取样"按钮，在鞋子旁边的背景位置连续单击，如下
左图所示，取样颜色，此时在图像窗口中会发现鞋子周围的灰色背景被隐藏起来，如下右图所示。

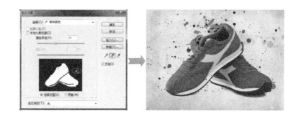

6.4.4 图层蒙版

图层蒙版是一个 256 级色阶的灰度图像，它蒙在图层上面，起到遮盖图层的作用，而其本身并不可见。

在图层蒙版中，纯白色所对应的图像是可见的，纯黑色会遮盖图像，灰色区域会使图像呈现出一定程度的透明效果，如下图所示，基于这一原理，当我们需要隐藏图像的某些区域时，为图层添加上一个蒙版，再将相应的区域涂黑即可；如果想让图像呈现出半透明效果，则将蒙版涂灰。

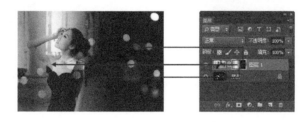

1. 添加图层蒙版

在 Photoshop 中如果需要为指定图层添加图层蒙版，可以通过单击"图层"面板中的"添加图层蒙版"按钮进行创建，也可以在"图层"面板中选中要添加图层蒙版的图层，执行"图层 > 图层蒙版 > 显示全部"菜单命令进行创建。

如下图所示，打开两幅素材图像，把人物图像复制到背景图像上方，生成新的"图层 1"图层，此处如果我们要把人物下方原来的背景隐藏，因此单击"图层"面板的"添加蒙版"按钮 ，添加蒙版，选择工具箱中的"画笔工具"，设置前景色为黑色，在人物旁边的背景位置涂抹，经过涂抹后可以看到原背景图像被隐藏，合成了新的画面效果。

2. 复制图层蒙版

在创建图层蒙版后，如果想要将某一图层的蒙版复制到另外的图层，可以按下 Alt 键拖曳蒙版缩览图；如果没有按住 Alt 键而直接拖曳蒙版，则会将该图层蒙版复制到目标图层，而源图层将不再有蒙版。

3. 编辑图层蒙版

图层蒙版是位图图像，几乎可以使用所有的绘画工具来编辑它。例如使用柔角画笔修改蒙版可以使图像边缘产生逐渐淡出的过渡效果，如下左图所示；使用渐变工具编辑蒙版可以将当前图像逐渐融入到另一个图像中，且图像间的融合自然、平滑，如下右图所示。

6.4.5 矢量蒙版

矢量蒙版也叫路径蒙版，是从钢笔工具绘制的路径或形状工具绘制的矢量图中生成的蒙版，它与图像的分辨率无关，可以任意地缩放、旋转或扭曲而不会产生锯齿。矢量蒙版主要通过绘制的图形或路径来遮盖图像，其遮盖的效果是由设置的图形来决定的。

1. 创建矢量蒙版

Photoshop 中创建矢量蒙版的操作非常简单，可以通过执行"图层 > 矢量蒙版 > 显示全部 / 隐藏全部"菜单命令创建，也可以按住 Ctrl 键的同时单击"图层"面板中的"创建矢量蒙版"按钮 ◙ 创建矢量蒙版。如下图所示，选取两张需要拼合的图像并将其复制到同一个文档中，选择位于上层的"图层 1"图层，执行"图层 > 矢量蒙版 > 显示全部 / 隐藏全部"菜单命令创建矢量蒙版，单击"图层"面板中的蒙版缩览图，选择"自定形状工具"，在选项栏中设置绘制模式为"路径"，选择"会话 3"形状，在图像中单击并拖曳鼠标，绘制路径，绘制完成后可以看到路径以外的图像被隐藏起来。

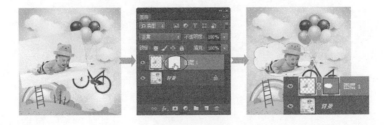

2. 更改矢量图形

矢量蒙版将矢量图形引入到蒙版中，丰富了蒙版的多样性，也为我们提供了一种可以在矢量状态下编辑蒙版的特殊方式。创建矢量蒙版后，可以对路径进行编辑和修改，也可以使用钢笔工具、形状工具向蒙版中添加形状，从而改变蒙版的遮盖区域。如下左图所示，使用"直接选择工具"

单击路径上的锚点，选中路径上的锚点，然后通过拖曳锚点调整图形，此时可以看到画面显示的图像区域也随之发生了变化，如下右图所示。

3.调整蒙版或矢量图形位置

添加矢量蒙版后，可以调整路径与图形的位置，也可以在取消链接的情况下，单独移动路径或是图层中的对象，显示图像效果。单击矢量蒙版上的"指示矢量蒙版链接到图层"按钮，如下左图所示，即可以取消链接，如下中图所示，取消链接后用户可以分别对图层或蒙版进行分开调整，单独调整蒙版时所得到的画面效果如下右图所示。

6.4.6 快速蒙版

在图像的合成操作中，抠图是一件非常麻烦的事情，如果不能准确地抠出需要的图像，则在后期图像的融合时，就会影响到最终的画面效果，使之看起来不够自然。为了在画面中快速完成图像的抠取与合成操作，可以使用快速蒙版实现。快速蒙版主要用来创建选区、选取图像，它可以将任何选区作为蒙版进行编辑，同时还可以运用工具箱中的工具对蒙版进行绘制，从而选择更准确的图像。

运用快速蒙版合成图像时，不但可以在蒙版与选区之间进行自由的切换，还能对"快速蒙版选项"进行设置，便于获得最佳的画面效果。双击工具箱中的"双快速蒙版模式编辑"按钮，将打开如右图所示的"快速蒙版选项"对话框。

◆**色彩指示**：用于设置应用快速蒙版时蒙版的色彩指示区域，单击"被蒙版区域"单选按钮，表示快速蒙版中红色区域为被蒙版区域，即需要进行保护的区域，退出蒙版后这些区域的图像位于选区内，如下中图所示；单击"所选区域"单选按钮，则表示红色区域为需要选中的区域，退出蒙版后这些区域的图像位于选区内，如下右图所示。

◆颜色：用于设置蒙版的颜色，单击颜色块，将会打开"拾色器"对话框，在对话框中单击并输入数值即可对蒙版的颜色进行更改。

◆不透明度：此选项用于调整快速蒙版的不透明度，设置的参数值越小，蒙版显示越接近于透明。

打开一张素材图像，将"背景"图层复制，得到"背景拷贝"图层，单击"以快速蒙版模式编辑"按钮 🔳，进入快速蒙版编辑状态，选择工具箱中的"画笔工具"，在选项栏中对画笔大小和笔触进行选择，然后在不需要保留的背景位置涂抹，经过连续涂抹操作，把整个背景涂抹为半透明效果，如下图所示。

按下键盘中的 Q 键，退出蒙版编辑状态后，单击"图层"面板中的"添加蒙版"按钮 🔳，添加蒙版，将选区外的图像隐藏，此时再选择一张新的背景图像，将其复制到包包下方，完成图像的合成，具体操作如下图所示。

6.4.7 剪贴蒙版

剪贴蒙版是一种可以快速隐藏图像内容的蒙版，也称为剪贴组，它能够用下方图像限定上层图像的显示范围，达到一种剪贴画的效果。

如果需要在图像中创建剪贴蒙版，则必须要保证图像中包括两个或两个以上的图层。剪贴蒙版由内容层和基层组合而成，在最下面的是基底图层，基层图层名称带有一条下划线，位于其上面的是内容图层，内容层缩览图以缩进方式显示，并且带有一个向下的箭头。在剪贴组中，基层往往只能有一个而内容层可以有若干个。

1. 创建矢量蒙版

在 Photoshop 中如果创建剪贴蒙版，则先选中图层，执行"图层 > 创建剪贴蒙版"菜单命令，或者按住 Alt 键的同时在两图层中间出现光标后单击鼠标左键，创建剪贴蒙版。

打开一张素材图像，选择工具箱中的"矩形工具"在画面中底部绘制三个不同大小的白色矩形，创建用于剪贴的图形，再打开另外的三张饰品素材图，把打开的图像复制到绘制好的背景中，获得"图层1""图层2"和"图层3"图层，把这三个图层分别移至3个矩形的上方，具体操作如下图所示。

选择"图层3"图层，按住Alt键的同时在两图层中间位置单击，创建剪贴蒙版，根据图层下方的矩形形状剪贴图像，使用同样的方法可以对另外的两个图层也创建剪贴蒙版，创建蒙版后超出矩形外的图像被隐藏，如下右图所示。

2. 在剪贴蒙版组中加入新的图层

当我们已经在图像中创建剪贴组以后，如果想再添加新的内容到剪贴组中，只需要在"图层"面板中选择要添加的图层，将其拖入到剪贴蒙版组，即可把选中的图层加入到剪贴蒙版组中。如下图所示，在这里我们要用佩戴饰品的图像替换最右侧的图像，因此在"图层"面板中把饰品佩戴效果"图层4"选中，再单击并向下拖曳鼠标，即可把"图层4"加入到剪贴组中。

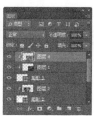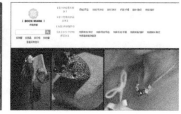

3. 控制剪贴蒙版组的不透明度和混合模式

在剪贴蒙版组中，所有图层都会被Photoshop视为一个层，它们共同使用基底图层的不透明度和混合模式属性，所以调整基本图层的不透明度和混合模式，即可改变整个剪贴蒙版组的不透明度和混合模式。如下图所示为创建剪贴蒙版时的图像效果，当我们把基层图层"图层1"图层的混合模式更改为"明度"时，可以看到，两个内容图层都受到该模式的影响，而与"背景"图层产品了混合。

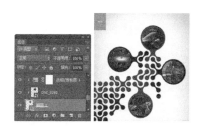

4. 释放剪贴蒙版

对于剪贴蒙版中的内容图层，如果对设置的效果不满意，可以先将其从剪贴蒙版组中释放出来。如果剪贴蒙版组由多个图层组成，想要释放其中的一个内容图层而不影响其他图层，可将该图层拖曳到剪贴蒙版以外的图层上；如果需要释放整个剪贴蒙版组，则要选择基底图层，再执行"图层 > 释放剪贴蒙版"命令，或按下快捷键 Ctrl+Alt+G，此外，也可以按住 Alt 键在基底图层与它上面第一个内容图层的分隔线上单击，释放剪贴蒙版。

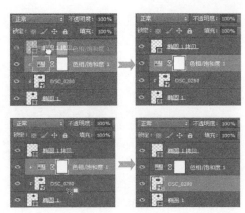

6.5 随堂练习——实现多个图像的自然融合

利用合成图像的方式能够获得更多富有创意的图片，在下面的实例中，将运用本章学习的知识，把几张不同的素材图像合并到一个文件中，再为图像添加上蒙版，结合工具箱中的工具对蒙版进行编辑，调整图像的显示范围，实现多个图像的自然融合，得到一张漂亮的电影海报。

【关键知识点】

◆ 应用"画笔工具"编辑蒙版
◆ 使用"渐变工具"编辑图层蒙版
◆ 使用"矩形选框工具"选择图像
◆ 用"曲线"命令调整图像明暗

【实例文件】

素材：
资源包 \ 素材 \06\01~05.jpg
源文件：
资源包 \ 源文件 \06\ 实现多个图像的自然融合 .psd

【步骤解析】

①打开图像复制图像

执行"文件 > 新建"菜单命令，新建文件，打开资源包 \ 素材 \06\01.jpg 素材文件，把打开的图像复制到新建文件上，得到"图层 1"图层。

②创建并羽化选区

选用"矩形选框工具"在图像上半部分单击并拖曳鼠标，绘制选区，执行"选择 > 修改 > 羽化"菜单命令，在打开的"羽化选区"对话框中输入"羽化半径"为 70，单击"确定"按钮，羽化选区。

③反选图像

执行"选择 > 反向"菜单命令，或按下快捷键 Ctrl+Shift+I，反选选区，选择图像。

④添加图层蒙版

选中"图层 1"图层，单击"图层"面板底部的"添加蒙版"按钮，添加蒙版，把选区内的图像隐藏起来。

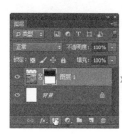

⑤用画笔编辑图层蒙版

单击"图层 1"图层蒙版，选择"画笔工具"，设置前景色为黑色后，选用"柔边圆"画笔在草地的边缘位置涂抹。

⑥复制图像添加蒙版

打开资源包 \ 素材 \06\02.jpg 素材文件，把打开的图像复制到新建文件上，得到"图层 2"图层，单击"图层"面板中的"添加蒙版"按钮，添加图层蒙版。

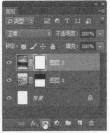

⑩ 创建并羽化选区

选用"矩形选框工具"在图像下半部分单击并拖曳鼠标，绘制选区，执行"选择 > 修改 > 羽化"菜单命令，在打开的"羽化选区"对话框中输入"羽化半径"为200，单击"确定"按钮，羽化选区。

⑦ 用"渐变工具"编辑蒙版

设置前景色为黑色，背景色为白色，单击"渐变工具"按钮 ，选择"前景色到背景色渐变"，单击"线性渐变"按钮 ，从图像下方往上拖曳渐变，创建渐隐的图像效果。

⑪ 将蒙版填充为黑色

单击"图层3"图层蒙版，设置前景色为黑色，按下快捷键 Alt+Delete，将选区填充为黑色，隐藏选区内的图像。

⑧ 复制图像

打开资源包 \ 素材 \05\03.jpg 素材文件，把打开的图像复制到新建文件上，得到"图层 3"图层。

⑨ 创建选区

选择"魔棒工具"， 单击选项栏中的"添加到选区"按钮 ，设置后在天空部分单击，选择图像，单击"图层"面板中的"添加图层蒙版"按钮，为"图层 3"添加蒙版，隐藏天空部分。

⑫ 复制图像

打开资源包 \ 素材 \06\04.jpg 素 材 文 件，把打开的图像复制到新建文件上，得到"图层 4"图层，单击"图层"面板中的"添加蒙版"按钮 ，添加蒙版。

技巧提示：快速复制图像

在 Photoshop 中如果要将一幅图像复制到另一幅图像中，可以单击工具箱中的"移动工具"按钮，再将要复制的图像拖曳至另一幅图像中，释放鼠标即完成复制操作。

⓭设置"色彩范围"

单击"图层"面板中的"添加蒙版"按钮 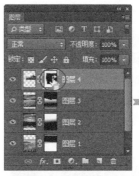，打开"属性"面板，单击面板中的"颜色范围"按钮，打开"色彩范围"对话框，选用"吸管工具"在天空部分单击，设置选择范围。

⓮根据选择范围添加蒙版

单击"色彩范围"对话框中的"确定"按钮，返回图像窗口，查看到添加蒙版的图像。

⓯用画笔编辑图层蒙版

单击"图层4"蒙版缩览图，选择"画笔工具"设置前景色为黑色，在大树图像下方涂抹，隐藏多余的图像。

⓰载入蒙版选区

按下 Ctrl 键不放，单击"图层4"图层蒙版，将蒙版作为选区载入，选中图像。

⓱复制选区内的图像

单击"图层4"图层缩览图，按下快捷键 Ctrl+J，复制选区内的图像，得到"图层5"图层，执行"编辑 > 变换 > 垂直翻转"菜单命令，垂直翻转，并将其移至原图像下方。

⓲用"渐变工具"编辑图层蒙版

设置前景色为黑色，背景色为白色，单击"渐变工具"按钮，选择"前景色到背景色渐变"，单击"对称渐变"按钮，勾选"反向"复选框，在图像上拖曳渐变，创建渐隐的图像效果。

⑲设置"曲线"

选择"矩形选框工具",在选项栏中设置"羽化"值为300像素,在画面中间单击并拖曳鼠标,绘制选区,执行"选择>反向"菜单命令,反选选区。创建"曲线1"调整图层,在"属性"面板中向下拖曳曲线,降低选区内的图像亮度。

 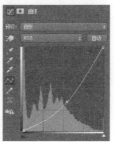

⑳设置"曲线"

新建"曲线2"调整图层,打开"属性"面板,在面板中单击"预设"选项下拉按钮,在展开的下拉列表中选择"中对比度(RGB)"选项,调整曲线形状,增强对比效果。

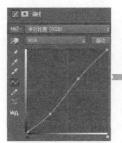 

㉑创建"渐变映射1"调整图层

新建"渐变映射1"调整图层,并在"属性"面板中设置从R41、G10、B89到R96、G70、B33颜色渐变,选中"渐变映射1"调整图层,设置图层混合模式为"柔光",叠加渐变颜色。

㉒复制图像添加蒙版

打开资源包 \ 素材 \06\05.jpg 素材文件,把打开的图像复制到新建文件上,得到"图层6"图层,添加图层蒙版,使用黑色画笔涂抹,把人物边缘的背景图像隐藏。

㉓复制蒙版中的图像

按下 Ctrl 键不放,单击"图层6"图层蒙版,载入选区,再单击"图层6"图层缩览图,按下快捷键 Ctrl+J,复制选区内的图像,得到"图层7"图层,更改图层混合模式,最后添加上文字。

6.6 课后习题——拼合图像制作照片集锦效果

在本章中对合成图像时经常使用的通道与蒙版功能进行了详细的介绍，经过学习相信大家对通道和蒙版有了更深入的了解，下面为了巩固前面所学知识，为大家准备了几张素材图像，应用前面学习知识合成照片集锦效果。

【实例文件】

素　材：

资源包 \ 素材 \06\06~13.jpg

源文件：

资源包 \ 源文件 \06\ 拼合图像制作照片集锦效果 .psd

【操作要点】

◆ 在天空背景中添加建筑图像，添加图层蒙版，用"渐变工具"编辑图层蒙版，将一部分图像隐藏，合成新的背景图像；

◆ 使用"矩形选框工具"绘制选区并填充颜色，制作相框效果，复制相框后，把更多素材图像分别复制至相框上，添加图层蒙版，隐藏多余的图像；

◆ 使用"图层样式"为图像添加投影，输入文字完成照片集锦效果的制作。

Chapter 07

如果我们仔细观察，会发现现在的很多商业设计作品中都应用了特殊的处理方式，在图像中适当添加一些特效加以表现，会让画面看起来更有设计感，获得出其不意的效果。Photoshop 提供了非常强大的特效功能，可以根据喜好创建更有新意的特效画面。

在 Photoshop 中特效的制作主要运用"滤镜"菜单中的滤镜来实现，用户可以使用滤镜对图像进行扭曲、模糊、渲染等操作。本章主要讲解 Photoshop 中的"滤镜"功能在图像特效上的运用。

本章内容

7.1 滤镜特效概述

7.2 认识滤镜库

7.3 独立滤镜特效的应用

7.4 更多滤镜特效的应用

7.5 随堂练习

7.6 课后习题

7.1 滤镜特效概述

在 Photoshop 中，可使用滤镜功能为图像中的单一图层、通道或选区添加丰富多彩的艺术效果。Photoshop 中所有滤镜命令都被存放于"滤镜"菜单中，在该菜单中执行"滤镜"命令，会打开相应的"滤镜"对话框，在打开的对话框中设置参数后，就会对图像或当前图层中的图像应用滤镜效果。

7.1.1 使用滤镜

在 Photoshop 中制作图像效果时，对滤镜的利用非常频繁。滤镜的种类繁多，不同的滤镜所产生的效果也不同。如下左图所示为应用"动感模糊"滤镜制作的雨天效果；如下右图所示为使用"照片边缘"滤镜制作的素描绘画效果。

7.1.2 转换为智能滤镜

对图像应用智能滤镜编辑图像前，首先要知道什么是智能滤镜。智能滤镜是一种非破坏性的滤镜，它是将滤镜效果应用于智能对象上，不会修改图像的原始图像效果。在对图像应用智能滤镜时，可以对滤镜的参数进行反复的更改，以获得最佳的图像效果。

使用智能滤镜时，要应用菜单命令把图层转换为智能对象图层，如下图所示，在"图层"面板中选择要应用智能滤镜的图层，单击"图层"右上角的扩展按钮，在弹出的面板菜单中单击"转换为智能对象"命令，或执行"图层 > 智能对象 > 转换为智能对象"菜单命令，将选中的图层立即转换为智能图层。

将图像转换为智能对象后，执行"滤镜 > 滤镜库"菜单命令，如下左图所示，打开对话框，在对话框中设置滤镜选项，完成后单击"确定"按钮，对选中图层应用设置的滤镜效果，此时在"图层"面板中看到图层下方列出滤镜列表，列表中显示了我们使用到的滤镜，如下右图所示，单击智能滤镜前面的眼睛图标，将滤镜效果隐藏。

7.1.3 调整智能滤镜选项

创建智能滤镜以后，如果滤镜效果不满意，还可以对滤镜或选项进行更改。在 Photoshop 中，如果要更改滤镜选项，可先选中应用智能滤镜图层，找到该图层下方要更改的滤镜，双击对应的滤镜名称，这样就能将相应的滤镜对话框打开。如下左图所示，这里我们要对"滤镜库"做更改，双击图层下方的"滤镜库"，双击后打开了如下右图所示的"滤镜库"对话框，在对话框中既可以更改滤镜库中的滤镜参数，也可以选择新滤镜并应用。

对图像应用智能滤镜后，不但可以在滤镜对话框中更改滤镜各选项参数值，还可以对滤镜混合选项进行设置。双击智能滤镜旁边的"编辑混合选项"图标，即会弹出如下左图所示的"混合选项"对话框，在此对话框中能够对智能滤镜的不透明度和混合模式进行更改，更改后单击"确定"按钮，即会应用更改的混合选项，调整画面效果，如下右图所示。

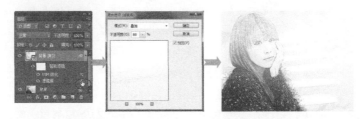

7.2 认识滤镜库

滤镜是遵循一定的程序算法对图像中像素的颜色、亮度、饱和度、对比度和色调等属性进行计算和变换处理，使图像产生特殊效果。在"滤镜"菜单命令中的"滤镜库"滤镜中包含了"滤镜"菜单命令中的大部分滤镜，下面将为读者介绍滤镜库的基本操作。

7.2.1 "滤镜库"滤镜

"滤镜库"滤镜中包括了滤镜菜单中的大部分滤镜。使用"滤镜库"可以在图像上累积添加多个滤镜，或者重复应用单个滤镜，并且还能根据需要重新排列滤镜的应用顺序。执行"滤镜 >

滤镜库"菜单命令，即可打开"滤镜库"对话框，如下图所示。

◆预览框：在预览窗口中可以直接查看到当前的图像效果，预览窗口下方还可以看到图像的显示比例，用户可以根据需要将预览窗口中的图像调整成任意比例。

◆所选滤镜参数：在"滤镜库"中选择一个滤镜后，会对应出现该滤镜的参数值，拖曳滑块或直接输入数值，即可调整参数值。

◆滤镜组："滤镜库"中有6个滤镜组，单击每个滤镜组前的三角形按钮，即可展开滤镜组，如下左图所示，若再次单击该三角形按钮，即可使展形的滤镜关闭，如右图所示。

◆滤镜编辑窗口：在该区域中可以查看当前图像应用的滤镜，通过编辑，可以隐藏和显示滤镜，还可以创建和删除滤镜。

7.2.2 添加多种滤镜效果

在"滤镜库"中添加一个滤镜后，该滤镜就会出现在对话框右下角的已应用效果列表中。使用"滤镜库"可以为图像应用单个滤镜效果，也可以为图像添加多个滤镜效果。如果需要添加多个滤镜效果，可以应用滤镜列表下方的"新建效果图层"按钮进行滤镜的添加。

如下图所示，打开一张素材图像，执行"滤镜 > 滤镜库"菜单命令，打开"滤镜库"对话框，单击对话框中的"素描"滤镜组中的"炭笔"滤镜，在图像上应用滤镜效果，再单击"新建效果图层"按钮，会再添加一个"炭笔"滤镜，添加滤镜后如果要用新的滤镜替换，是单击其他滤镜组下的滤镜即可，如下中图所示，将已应用滤镜列表中把"炭笔"滤镜更改为"成角的线条"滤镜，应用滤镜后的图像效果如下右图所示。

  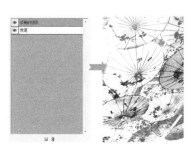

7.2.3 滤镜效果的删除

使用"滤镜库"可以在图像中应用多个滤镜效果，也可以把不合适的滤镜效果从已应用滤镜列表中删除。删除滤镜库列表中的滤镜后，图像中已应用的滤镜效果也将被删除。在 Photoshop 中，要删除"滤镜库"中的滤镜效果，只需要单击"滤镜库"对话框右下角的"删除效果图层"按钮即可。如下左图所示，选择并单击"删除效果图层"按钮即可删除效果图层，删除效果图层后，应用的滤镜效果也会随着一起删除，如下图所示。

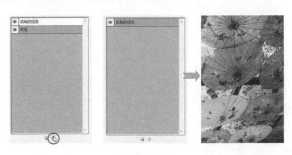

7.3 独立滤镜特效的应用

Photoshop 中的滤镜除滤镜库外，还提供了一些特殊的独立滤镜，例如"消失点"滤镜、"油画"滤镜等。为了让图像展现更好的效果，可以运用独立滤镜对其做进一步的编辑，营造出与众不同的画面效果。

7.3.1 "消失点"滤镜

应用"消失点"滤镜可以在创建的图像选区中进行克隆、喷绘、粘贴图像等操作，同时所做的操作将会自动应用透视原理，并按照透视的集合角度自动计算，自动适应对图像的修改。执行"滤镜 > 消失点"滤镜，打开"消失点"滤镜对话框，如下图所示。

◆创建平面工具：在"消失点"对话框中默认选中"创建平面工具"。运用"创建平面工具"在要创建透视平面的位置连续单击 4 个点即可完成透明平面的创建，创建的透视平面表现的倾斜度大，透视扭曲的效果就会越明显，方格的扭曲度也会相对增大，如下左图所示为应用"创建平面工具"绘制的透视平面。

◆编辑平面工具：使用"编辑平面工具"可以选择、编辑、移动透视网格并调整透视网格的大小。

◆选框工具：用"选框工具"用于建立方形或矩形选区，同时也能对选区进行移动或仿制操作。单击"选框工具"按钮，在透视平面双击创建选区，选择图像后，将光标放在选区内，按下 Alt 键拖曳可以复制图像，按下 Ctrl 键拖曳选区，可以用源图像填充该区域。

◆图章工具：这里的"图章工具"与工具箱中的"仿制图章工具"的使用方法相同，主要用于仿制修复透视平面中的图像，按下 Alt 键在图像中单击可以为仿制设置取样点，如下左图所示，在其他区域拖曳鼠标可仿制图像，如下右图所示。运用"图章工具"仿制图像时，可以利用选项栏调整"修复"模式，如果要绘画而不与周围像素的颜色、光照和阴影混合，可选择"关"；如果要绘画并将描边与周围像素的光照混合，同时保留样本像素的颜色，可选择"明亮度"；如果要绘画并保留样本图像的纹理，同时与周围像素的颜色、光照和阴影混合，可选择"开"。

◆画笔工具：可在图像上绘制选定的颜色。

◆变换工具：使用此工具，可以移动定界框的控制点来缩放、旋转必移动浮动选区，它类似于在矩形选区上使用"自由变换"命令。如下左图所示为向选区复制的图像效果，右图为使用"变换工具"对选区内的图像进行变换的效果。

◆测量工具："测量工具"用于在透视平面中测量项目的距离和角度。

◆吸管工具：用"吸管工具"可以拾取图像中的颜色作为画笔工具的绘画颜色。

◆缩放工具：用于在预览窗口对图像进行任意的放大或缩小操作。

◆抓手工具：用于移动窗口中的图像，查看图像中各部分的内容。

　　如下左图所示，打开一张素材图像，在这里我们需要把广告牌中的广告图案替换，所以再打开一张处理好的广告图，按下快捷键 Ctrl+A，全选图像，再按下快捷键 Ctrl+C，复制选择的广告图，如下右图所示。

选择广告牌素材为当前图像，复制"背景"图层，执行"滤镜 > 消失点"菜单命令，打开"消失点"对话框，在对话框中运用"创建平面工具"创建透视平面，单击"选框工具"按钮，双击透视平面创建选区，按下快捷键 Ctrl+V，把复制的新的广告图粘贴到选区中，使用"变换工具"调整透视平面中的图像大小，为图像添加新的广告效果。

7.3.2 "油画"滤镜

"油画"滤镜使用 Mercury 图形引擎作为支持，可以快速让我们的图像呈现为逼真的油画质感。应用"油画"滤镜处理图像，用户可以控制画笔的样式以及光线的方向和亮度，从而突出图像上的绘画纹理感。执行"滤镜 > 油画"菜单命令，即可打开如下图所示的"油画"对话框。

◆样式化：用来调整笔触样式。

◆清洁度：用来设计纹理的柔化程度，设置的"清洁度"越高，画面产生的绘画纹理越明显，如下图所示为设置不同的"清洁度"时的图像效果。

◆缩放："缩放"选项用于调整纹理的缩放度，设置的"缩放"值低，产生的绘画纹理越强，效果越是明显，反之，值越高，产生的绘画纹理越弱，下面两幅图像分别展示了在不同"缩放"值下所得到的油画效果。

◆**硬毛刷细节**：用来设置画笔细节的丰富程度，设置的参数值越高，毛刷的纹理就越清晰。

◆**角方向**：用来调整光线的照射角度。

◆**闪亮**："闪亮"选项用以提高纹理的清晰度，产生锐化效果，设置的"闪亮"值越大，图像中产生的纹理越突出，如下两幅图像分别为"闪亮"值为 1 和 5 时得到的纹理效果。

  打开一张素材图像，如果需要把这张图片转换为油画效果，首先把"背景"图层复制，创建"背景拷贝"图层，选中"背景拷贝"图层，执行"滤镜 > 油画"菜单命令，即可打开如下图所示的"油画"对话框。

  在打开的"油画"对话框中根据图像对各项参数进行设置，如右图所示，设置后单击右上角的"确定"按钮，应用滤镜处理图像，将图像转换为油画效果，放大显示时可以看到图像中的清晰的油画纹理。

7.4 更多滤镜特效的应用

  Photoshop 中的"滤镜"菜单中，除了前面已经介绍的两个独立滤镜外，还一些具有特殊功能的滤镜组，例如"画笔描边""素描""纹理""艺术效果""模糊"和"扭曲"和"锐化"等滤镜组。在这些滤镜组中更多包括了许多作用不同的滤镜，使用这些滤镜能够创建更丰富的图像效果，下面就将介绍滤镜库中常用的滤镜的作用及使用方法。

7.4.1 **画笔描边滤镜**

应用"画笔描边"滤镜主要可以模拟不同的画笔或油墨笔刷来勾画图像，以产生绘画般的效果。画笔描边滤镜不能用于处理 Lab 和 CMYK 模式的图像。

执行"滤镜 > 滤镜库"菜单命令，打开"滤镜库"对话框，单击对话框右侧的"画笔描边"滤镜组前的三角形按钮，即可展开如右图所示的"画笔描边"滤镜组。从图像上可以看到"画笔描边"滤镜组中包括了"成角的线条""墨水轮廓""喷溅""喷色描边""强化的边缘""深色线条""烟灰墨"和"阴影线"8个滤镜。

◆**成角的线条**："成角的线条"滤镜可利用一定方向的画笔表现油墨般的效果，制作出如同油墨画笔在对角线上绘制的感觉。如下左图为原图图像，在"成角的线条"对话框中进行设置如下中图所示，设置后的效果如下右图所示。

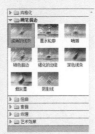

◆**墨水轮廓**：使用"墨水轮廓"滤镜可以在图像的轮廓上制作出类似于钢笔勾画的效果，如下左图所示。

◆**喷溅**：使用"喷溅"滤镜可以产生画面颗粒飞溅的沸水效果，如下右图所示。

◆**喷色描边**："喷色描边"滤镜使用图像的主导色，用成角的、喷溅的颜色线条重新绘画图像，而且还可以选择喷射的角度，产生倾斜的飞溅效果，如下左图所示。

◆**强化的边缘**："强化的边缘"滤镜可强调图像边缘，并在图像的边缘部分上绘制，形成颜色对比的图像，设置高的边缘亮度值时，强化效果类似白色粉笔；设置低的边缘亮度值时，强化效果类似黑色油墨，如下右图所示。

◆**深色线条**："深色线条"滤镜应用黑色线条绘制图像的暗部区域，用白色线条绘制图像的

亮部区域，使图像产生一种很强烈的黑色阴影效果，如下左图所示。

◆烟灰墨：“烟灰墨”滤镜在图像中添加黑色油墨形态，使图像表现出木炭或墨水被宣纸吸引后的效果，如下中图所示。

◆阴影线：使用“阴影线”滤镜可以在保留原始图像的细节和特征的情况下，同时使用模拟的铅笔阴影线添加纹理，让图像产生用交叉网线描绘或雕刻的效果，如下右图所示。

打开一张素材图像，执行“滤镜 > 滤镜库”菜单命令，打开“滤镜库”对话框，单击“画笔描边”滤镜组前的三角形按钮，展开“画笔描边”滤镜组，单击滤镜组中的“成角的线条”滤镜，设置“方向平衡”为60，“描边长度”为24，“锐化程度”为3，单击“滤镜库”右下角的“新建效果图层”按钮，单击“强化的边缘”滤镜，设置“边缘宽度”为2，“边缘亮度”为44，“平滑度”为5，设置后单击“确定”按钮，应用“成角的线条”和“烟灰墨”滤镜两个滤镜处理图像，具体操作如下图所示。

7.4.2 素描滤镜

“素描”滤镜主要受前景色和背景色的影响，可以在图像中表现用钢笔或木炭绘制图像草图的效果。应用“素描”滤镜前，需要先在工具箱中对前景色和背景进行设置，设置的前景色用于表示图像中的暗部区域，设置的背景色用于表示图像中的亮部区域。

“素描”滤镜组包括了“半调图案”“便条纸”“粉笔和炭笔”“铬黄渐变”“绘图笔”“基底凸现”“石膏效果”“水彩画纸”“撕边”“炭笔”“炭精笔”“图章”“网状”和“影印”14个滤镜，如右图所示。

◆半调图案：使用“半调图案”滤镜可以把图像处理成用前景色和背景色组成的带有网板图案的作品。如下左图所示为原始图像效果，单击“素描”滤镜组中的“半调图案”滤镜后，应用滤镜预览图像，效果如下右图所示。

◆便条纸：此滤镜用于简化图像色彩，使图像沿着边缘线产生凹陷，生成类似于浮雕的凹陷压印图案，如下右图所示。

◆ 粉笔和炭笔：“粉笔和炭笔”滤镜是以粉笔画的笔触和效果用背景色代替原图像中的高光区和中间色部分，效果如下左图所示。

◆ 铬黄：“铭黄渐变”滤镜可以把图像处理成发光的液体金属效果，制作出高光部分向外凸起而阴影部分向内凹的效果，如下中图所示。

◆ 绘图笔：应用“绘图笔”滤镜可使图像产生钢笔纱描的效果，如下右图所示。

◆ 基底凸现：“基底凸现”滤镜会根据图像的轮廓，使图像产生一种具有凹凸感的粗糙边缘及纹理浮雕效果，如下左图所示。

◆ 石膏效果：“石膏”效果滤镜会让图像产生一种类似于石膏材质的凹凸效果，应用滤镜后，图像中的暗部区域凸起，亮部区域凹陷，如下中图所示。

◆ 水彩画纸：“水彩画纸”滤镜可产生纸张扩散和画面浸湿的效果，如下右图所示。

◆ 撕边：此滤镜可在前景色与背景色交界处制作溅射分裂的效果，如下左图所示。

◆ 炭笔：应用“炭笔”滤镜可以将图像处理成炭精笔画的效果，其中背景色为纸的颜色，而前景色为木炭的颜色，如下中图所示。

◆ 炭精笔：“炭精笔”滤镜可利用前景色和背景色把图像处理成蜡笔质感的绘画效果，其中在暗部区域使用前景色，在亮部区域使用背景色，如下右图所示。

◆ 图章：“图章”滤镜可简化图像，使之看起来就像是用橡皮或木制图章创建的一样，此滤

镜适合于在黑白图像中使用，如下左图所示。

◆网状："网状"滤镜可产生网眼覆盖效果，使图像呈现网状结构，并且在图像的高光区域呈现出轻微的颗粒化效果，如下中图所示。

◆影印："影印"滤镜可将图像表现为使用复印机复印后的效果，用前景色表现图像的阴影部分，用背景色表现图像的高光部分，如下右图所示。

使用"素描"滤镜能够将图像快速转换为绘画效果，如下图所示，打开了一张素材图像，在这里我们要把素材图像转换为水墨画效果，执行"滤镜 > 滤镜库"菜单命令，打开"滤镜库"对话框，在对话框中单击"素描"滤镜组中的"水彩画纸"滤镜并对滤镜选项做调整，输入"纤维长度"为15，"亮度"为69，"对比度"为80，将图像先转换为水彩画效果，再单击"素描"滤镜组下的"炭精笔"滤镜并对滤镜选项进行设置，输入"前景色阶"为11，"背景色阶"为12，其他参数不变，设置后单击"确定"按钮，对图像应用滤镜。

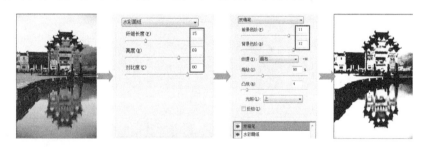

7.4.3 纹理滤镜

使用"纹理"滤镜组中的各种滤镜命令可以模拟具有深度或者质感的图像，并制出相应的纹理效果。

"纹理"滤镜组包括了"龟裂纹""颗粒""马赛克拼贴""拼缀图""染色玻璃"和"纹理"8个滤镜，如右图所示。

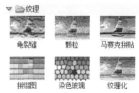

◆龟裂缝：使用"龟裂缝"滤镜可在图像中顺着图像和轮廓产生浮雕或石制品特有的裂变效果。如下左图所示，选择一幅图像，单击"龟裂纹"滤镜，在图像中添加上龟裂纹理，效果如下右图所示。

◆颗粒：可以在图像上设置杂点效果，并用不同状态的颗粒改变图像的表面纹理，如下左图所示。

◆马赛克拼贴：使用"马赛克拼贴"滤镜可在图像中添加出好像是由马赛克瓷砖和着水泥铺出来的马赛克贴壁效果，如下右图所示。

◆拼缀图：将图像分解为用图像中该区域的主色填充的正方形，得到一种矩形的瓷砖效果，此滤镜会随机减小或增大拼贴的深度，以模拟高光和阴影，如下左图所示。

◆染色玻璃："染色玻璃"使用前景色把图像分割成像植物细胞般的小块，制作出蜂巢一样的拼贴纹理效果，如下中图所示。

◆纹理化："纹理化"滤镜中可选择多种纹理替代原图像的表现纹理，从而产生不同的纹理效果，如下右图所示。

打开一幅素材像，为了让背景呈现出不一样的视觉效果，用"快速选择工具"选择除人物主体外的背景部分，执行"滤镜 > 滤镜库"菜单命令，打开"滤镜库"对话框，在对话框中单击"纹理"滤镜组下的"染色玻璃"滤镜并对滤镜选项进行调整，输入"单元格大小"为 26，"边框粗细"为 10，"光照强度"为 10，设置后单击"确定"按钮，应用滤镜效果，具体操作如下图所示。

技巧提示：多次应用滤镜处理图像

在编辑图像的过程中，如果已对图像设置了滤镜效果，那么可以按下快捷键 Ctrl+F，在选定的图层中再一次执行相同的滤镜效果，如果按下快捷键 Ctrl+Alt+F，则会打开上一次所设置的滤镜对话框，在对话框中需要重新滤镜选项并应用其效果。

7.4.4 艺术效果滤镜

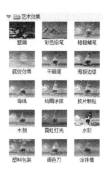

"艺术效果"滤镜组就像一位熟练各种绘画风格和绘画技巧的艺术大师，可以使一幅普通的图像表现出艺术风格的效果。在一幅图像中，我们可以对其应用一种艺术效果滤镜，也可以在图像中同时应用多个艺术效果。

"艺术效果"滤镜组包括了"壁画""彩色铅笔""粗糙蜡笔""底纹效果""干画笔""海报边缘""海绵""绘画涂抹""胶片颗粒""木刻""霓虹灯光""水彩""塑料包装""调色刀"和"涂抹棒"共 15 个滤镜，如右图所示。

◆壁画：使用短而圆的、粗略涂抹的小块颜料，以一种粗糙的风格绘制图像，使画面产生一种古壁的斑点效果。如下左图所示为原始图像效果，单击"艺术"滤镜组中的"壁画"滤镜后，应用滤镜效果如下右图所示。

◆彩色铅笔："彩色铅笔"滤镜模拟彩色铅笔来绘制图像的效果，即根据前景色和背景色，使图像产生铅笔绘画效果，如下右图所示。

◆粗糙蜡笔：应用"粗糙蜡笔"滤镜可使图像表现产生一种不平衡、浮雕的纹理效果，如下左图所示。

◆底纹效果：根据纹理的类型和颜色，在图像上创建一个纹理描绘的效果，如下中图所示。

◆干画笔：使用介于油彩和水彩之间的干画笔技术绘制图像边缘，使图像产生一种类似于纹理描绘的效果，如下右图所示。

◆海报边缘：根据设置的海报化选项减少图像中的颜色数量，并在查找到的边缘区域应用黑色线条进行绘制，表现海报的感觉，如下左图所示。

◆海绵："海绵"滤镜使用颜色对比强烈、纹理较重的区域创建图像，让图像产生类似于海绵绘画的效果，如下中图所示。

◆绘画涂抹：选取不同大小和类型的画笔在图像上随意涂抹的模糊效果，如下右图所示。

◆胶片颗粒："胶片颗粒"滤镜可使图像产生一种黑色微粒效果，如下左图所示。

◆木刻：运用"木刻"滤镜制作出的图像效果和剪纸、木刻效果类似，效果如下中图所示。

◆霓虹灯光：应用各种类型的灯光添加到图像中的对象上，其效果与使用氖光灯照射到画面的效果相似，它适合于在柔化图像外观时给图像着色，如下右图所示。

◆水彩："水彩"滤镜用较深的颜色表现边缘部分，制作出水彩画的效果，如下左图所示。

◆塑料包装：使图像表面产生一种非常光亮且具有质感的塑料，以强调表面细节，如下右图所示。

◆调色刀：该滤镜应用相近的颜色相互融合，减少图像细节的同时产生一种类似于国画的效果，如下左图所示。

◆涂抹棒：用短的对角描边涂抹暗部区区域以柔化图像，从而使用图像亮部区域变得更亮，表现水彩画和效果，如下右图所示。

打开一张素材图像,对于这类静物图片,我们可以使用"艺术效果"滤镜打造为漂亮的版画效果，执行"滤镜 > 滤镜库"菜单命令，打开"滤镜库"对话框，在对话框中单击"艺术效果"滤镜组中的"木刻"滤镜并对选项进行设置，输入"色阶数"为73，"边缘简化度"为6，"边缘逼真度"为2，设置后单击"确定"按钮，应用滤镜此时可以在图像窗口中看到转换后的图像效果，具体操作如下图所示。

7.4.5 模糊滤镜

"模糊"滤镜组中包含了"动感模糊""表现模糊""平均"等 14 种滤镜，它们可以削弱相邻像素的对比度并柔化图像，使图像产生模糊效果。在去除图像的杂色，或者创建特殊效果时经常会用到此类滤镜。

执行"滤镜 > 模糊"菜单命令，展开"模糊"滤镜菜单，在显示的级联菜单中可以看到"模糊"滤镜组中的所有滤镜。

> 场景模糊...
> 光圈模糊...
> 移轴模糊...
>
> 表面模糊...
> 动感模糊...
> 方框模糊...
> 高斯模糊...
> 进一步模糊...
> 径向模糊...
> 镜头模糊...
> 模糊
> 平均
> 特殊模糊...
> 形状模糊...

◆场景模糊：　"场景模糊"滤镜通过在画面中添加一个或多个图钉对照片场景中不同的区域应用模糊，在模糊图像时，用户还可以通过设置"模糊"值调整模糊的强度，参数越大，图像越模糊，同时还可以应用模糊画廊。如下左图为原图，右图为设置滤镜模糊图像效果。

◆光圈模糊：　"光圈模糊"滤镜可以对照片应用模糊，并创建一个椭圆形的焦点范围，此滤镜能够模拟柔焦镜头拍出的梦幻、朦胧的画面效果，如下左图为设置滤镜选项，右图为应用效果。

◆移轴模糊：　"移轴模糊"滤镜能够表现使用移轴镜头拍摄的作品，照片效果就像是缩微模型一样。如下左图为原图像效果，执行"滤镜 > 模糊 > 移轴模糊"菜单命令，打开了如下中图所示的滤镜对话框，在对话框中设置后其应用效果如下右图所示。

◆表面模糊：　"表面模糊"滤镜可以在图像保持边缘的同时模糊图像，可用来创建特殊效果并消除杂色或颗粒感，下面左图为原始图像，中图为执行滤镜命令打开的"表面模糊"对话框，在对话框中设置选项会得到右图所示的画面。

◆ **动感模糊**："动感模糊"可以根据制作效果的需要沿指定方向中、以指定强度模糊图像，其产生的效果类似于以固定的曝光时间给一个移动的对象拍照。如下左图为打开的"动感模糊"对话框，右图为应用滤镜得到的模糊效果。

◆ **方框模糊**："方框模糊"滤镜可以基于相邻像素的平均颜色值来模糊图像，生成类似于方块状的特殊模糊效果，如下左图所示。

◆ **高斯模糊**："高斯模糊"滤镜可以添加低频细节，使图像产生一种朦胧效果，通过"高斯模糊"对话框中的"半径"选项来调节像素颜色值，从而控制图像的模糊程度，如下右图所示。

◆ **模糊与进一步模糊**："模糊"和"进一步模糊"滤镜都是用来柔化整体或部分图像，不同的是"进一步模糊"滤镜的模糊效果是"模糊"滤镜的 3 ～ 4 倍，下面两幅图像分别展示了"模糊"和"进一步模糊"效果。

◆ **径向模糊**："径向模糊"滤镜可以模拟缩放或旋转相机所产生的模糊效果，如下左图所示。

◆ **镜头模糊**：该滤镜可表现类似使用照相机镜头拍摄出来的模糊效果，如下右图所示。

◆ **平均**："平均"滤镜可以查找图像的平均颜色，然后以该颜色填充图像或选区，创建平滑的外观效果，如下左图所示。

◆ **特殊模糊**："特殊模糊"滤镜提供了半径、阈值和模糊品质等设置选项，如下右图所示，应用"特殊模糊"滤镜可以使用图像产生一种清晰边界的模糊效果。

◆形状模糊："形状模糊"滤镜可以用指定的形状来创建模糊效果，执行"滤镜 > 模糊 > 表面模糊"菜单命令，打开如下左图所示的"形状模糊"对话框，在对话框中设置选项，在图像窗口中显示应用滤镜效果，如下右图所示。

打开一张旅游素材照片，为了让画面表现出动感效果，可以使用"模糊"滤镜对图像进行模糊处理，先将打开的图像复制，创建"背景拷贝"图层，对复制的图层执行"滤镜 > 模糊 > 动感模糊"菜单命令，打开"动感模糊"对话框，在对话框中单击并向右拖曳"距离"滑块，再单击"确定"按钮，模糊图像，具体操作如下图所示。

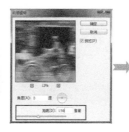

应用滤镜后我们会发现对整个图像都产生了模糊的情况，因此再为"背景拷贝"图层添加图层蒙版，用黑色画笔在要表现的主体对象上涂抹，还原清晰的人物图像。

7.4.6 扭曲滤镜

使用蒙版功能可以完成多个图像之间的完全融合。当我们在学习使用各类蒙版合成图像前，首先需要对"蒙版"面板有一定的了解，才能在合成的过程中，运用它实现更精细的画面合成应用。

在 Photoshop 中运用"蒙版"面板可以快速地创建图层蒙版和适量蒙版，并对蒙版的浓度、羽化和调整等进行调整编辑，让蒙版的管理更加集中。选择图层蒙版中的蒙版，打开"属性"面板，在面板中就会显示如右图所示的各选项。

波浪…
波纹…
极坐标…
挤压…
切变…
球面化…
水波…
旋转扭曲…
置换…

◆波浪："波浪"滤镜可以在图像上创建波状起伏的图像，制作出波浪效果。执行"滤镜 > 扭曲 > 波浪"菜单命令，在打开的"波浪"对话框中进行设置，如下左图所示，应用滤镜后的图像效果如下右图所示。

◆波纹："波纹"滤镜通过在图像上创建波状起伏的图像来模拟水池表现的波纹，此滤镜的工作方式与"波浪"滤镜相同，但提供的选项较少，只能控制波纹的数量和波纹效果。如下左图所示。

◆极坐标："极坐标"滤镜可将选区从平面坐标转换到极坐标，也可以将选区从极坐标转换为平面坐标，从而产生扭曲效果，如下右图所示。

◆挤压："挤压"滤镜可以将图像或选区内的图像挤压，产生凸起或凹陷效果，如下左图所示即为应用"挤压"滤镜后的图像效果。

◆球面化："球面化"滤镜通过将选区折成球形、扭曲图像以及伸展图像以适合选中曲线让图像中间产生凸起或凹陷的效果，同时让对象具有 3D 效果，如下右图所示。

◆切变："切变"滤镜沿一条曲线来创建扭曲图像，如下左图所示。

◆水波："水波"根据图像的像素的半径将选区径向扭曲，从而产生类似于水波的效果，如下右图所示。

◆旋转扭曲："旋转扭曲"滤镜可将选区内的图像旋转，图像中心的旋转程度比图像边缘的旋转程度大，当设置旋转扭曲角度时，可生成旋转扭曲图案，效果如下左图所示。

◆置换："置换"滤镜使用置换图中的颜色值改变选区，0 是最大的负向改变值，255 是最大的正向改变值，灰度值为 120 不产生置换，如下右图所示即为"置换"的图像效果。

　　如右图所示，打开素材图像，我们要把这张素材照片转换为鱼眼拍摄效果，执行"滤镜 > 扭曲 > 球面化"菜单命令。

　　打开"球面化"对话框，在对话框中单击并向右拖曳"数量"滑块，将"数量"设置为87%，如下左图所示，其他参数值不变，单击"确定"按钮，打开图像应用滤镜效果，得到如下右图所示的鱼眼效果。

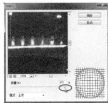

7.4.7 锐化滤镜

　　"锐化"滤镜组中包含了"USM 锐化""防抖""进一步锐化""锐化""锐化边缘""智能锐化" 6 个滤镜，如右图所示。"锐化"滤镜组中的命令可以将图像制作得更加清晰、画面更加鲜明，用于提高主要像素和颜色的对比值，使图像更加细腻。

　　◆锐化与进一步锐化："锐化"与"进一步锐化"滤镜命令都能使图像变得清晰，不同的是"进一步锐化"滤镜可以对图像实现进一步的锐化，所得到的锐化效果相当于多次执行"锐化"滤镜命令后的效果。如下左图为原图像效果，中图为应用"锐化"滤镜锐化的图像效果，右图为应用"进一步锐化"滤镜锐化的图像效果。

　　◆ USM 锐化：运用"USM 锐化"滤镜可以调整图像的对比度，使画面变得更清晰。执行"滤镜 > 锐化 >USM 锐化"菜单命令，可以打开"USM 锐化"对话框，如下左图所示，在对话框中可以对参数进行设置，控制图像的锐化强度等，中图为应用滤镜锐化后的效果。

　　◆锐化边缘："锐化边缘"滤镜只能强调图像的边线部分，表现出细致的颜色对比，一般用于强调颜色对比强烈的边线部分，如下右图所示。

◆智能锐化："智能锐化"滤镜可对图像的锐化做智能的调整，以达到更好的锐化清晰效果。通过"智能锐化"对话框中的选项，可以调节锐化的数量、半径，并且能移去动感模糊、高模模糊、镜头模糊效果，如下左图所示为执行菜单命令，打开的"智能锐化"对话框。

◆防抖："防抖"滤镜可以自动减少由于相机因线性的运动、弧形运动、旋转运动等产生的图像模糊，如下右图所示为"防抖"滤镜对话框。

打开一张细节不够清晰的图像，执行"滤镜 > 锐化 > USM 锐化"菜单命令，在打开的"USM 锐化"对话框中对参数进行设置，输入"半径"为 3，"数量"为 70，设置后单击"确定"按钮，锐化图像，此时将图片放大，可以看到经过锐化后的建筑上的雕花细节显得更加清晰，更体现了清晰的轮廓美，具体操作和效果如下图所示。

7.5 随堂练习——制作古典的仿水墨插画效果

Photoshop 中的滤镜功能强大，应用这些滤镜可以将图像转换为各种不同的特殊效果。在下面的实例中，使用"滤镜"菜单中的多个滤镜进行组合使用，将拍摄的一张人像照片转换为绘画效果，然后将水墨纹理素材图像复制到处理后的人像照片上，通过更改图层混合模式，将照片制作为古典风格的水墨插画效果。

【关键知识点】

◆ 用"曲线"命令调整图像明暗
◆ 使用"色阶"调整图像加强对比效果
◆ 结合"色相/饱和度"和"自然饱和度"命令调整颜色鲜艳度

【实例文件】

素 材：
资源包 \ 素材 \07\01、02.jpg
源文件：
资源包 \ 源文件 \07\ 制作古典的仿水墨插画效果 .psd

【步骤解析】

⓪①打开图像复制图层

打开资源包 \ 素材 \07\01 素材文件，在"背景"图层面板中将"背景"图层复制，得到"背景拷贝"图层，将"背景拷贝"图层的混合模式设置为"叠加"，"不透明度"为 71%。

⓪②执行"查找边缘"滤镜命令

在"图层"面板中选中"背景拷贝"图层，执行"滤镜 > 风格化 > 查找边缘"菜单命令，为图像添加"查找边缘"滤镜效果。

⓷复制图层更改不透明度

按下快捷键 Ctrl+J，复制图层，创建"背景拷贝 2"图层，将"背景拷贝 2"图层的"不透明度"设置为 42%，混合模式不变。

⓸执行"查找边缘"滤镜命令

在"图层"面板中选中"背景拷贝 2"图层，执行"滤镜 > 风格化 > 查找边缘"菜单命令，为图像再次添加"查找边缘"滤镜效果。

⓹复制图层更改不透明度

按下快捷键 Ctrl+J，复制图层，创建"背景拷贝 3"图层，将"背景拷贝 3"图层的"不透明度"设置为 36%，混合模式不变。

⓺执行"查找边缘"滤镜命令

在"图层"面板中选中"背景拷贝 3"图层，执行"滤镜 > 风格化 > 查找边缘"菜单命令，为图像再次添加"查找边缘"滤镜效果。

⓻盖印图层去掉颜色

按下快捷键 Ctrl+Shift+Alt+E，盖印可见图层，生成"图层 1"图层，执行"图像 > 调整 > 去色"菜单命令，将图像转换为黑白效果。

⓼设置"高斯模糊"滤镜

复制"图层 1"图层，得到"图层 1 拷贝"图层，并将混合模式设置为"柔光"，执行"滤镜 > 模糊 > 高斯模糊"菜单命令，打开"高斯模糊"对话框，在对话框中输入"半径"为 6，单击"确定"按钮，模糊图像。

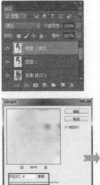

⑨复制图层编辑图层蒙版

复制"图层1拷贝"图层，得到"图层1拷贝2"图层，选择"画笔工具"，设置前景色为黑色，在选项栏中将"不透明度"设置为33%，使用画笔涂抹脸部旁边的头发，隐藏图像。

⑩转换智能图层

按下快捷键Ctrl+Shift+Alt+E，盖印可见图层，生成"图层2"图层，执行"图层 > 智能对象 > 转换为智能对象"菜单命令，把"图层2"图层转换为智能图层。

⑪设置"绘画涂抹"滤镜

执行"滤镜 > 滤镜库"菜单命令，打开"滤镜库"对话框，在对话框中单击"艺术效果"滤镜组中的"绘画涂抹"滤镜，再设置"画笔大小"为5，"锐化程度"为12。

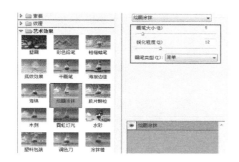

⑫设置"纹理化"滤镜

单击"纹理"滤镜组中在"纹理化"滤镜，

然后在对话框右侧设置选项，选择"画布"纹理，"缩放"为120%，"凸现"为4，设置完成后单击"确定"按钮，应用滤镜效果。

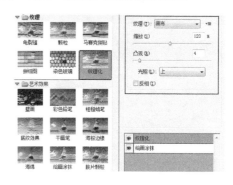

⑬创建"颜色填充1"图层

新建"颜色填充1"调整图层，设置填充色为白色，混合模式为"叠加"，单击"颜色填充1"图层蒙版，将蒙版填充为黑色，再选择"画笔工具"，设置前景色为白色，在人物面部皮肤位置涂抹，得到更干净的皮肤效果。

⑭复制图像更改混合模式

打开资源包 \ 素材 \07\02.jpg 素材文件，将打开的墨迹素材复制到人物图像上，得到"图层3"图层，设置此图层混合模式为"正片叠底"，添加图层蒙版，运用黑色画笔涂抹，去除人物身上的一部分墨迹图案。

⑮创建"渐变映射"更改颜色

按下 Ctrl 键不放，单击"图层 3"图层蒙版，载入选区，新建"渐变映射 1"调整图层，打开"属性"面板，单击面板中的"蓝，红，黄渐变"预设渐变，选中"渐变映射 1"调整图层，设置图层混合模式为"色相"。

⑯创建"颜色填充 2"图层

新建"颜色填充 2"调整图层，设置填充色为 R254、G244、B228，混合模式为"正片叠底"，最后在画面中添加上文字和印章效果。

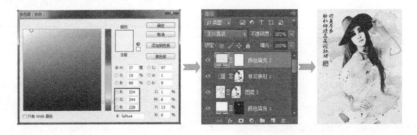

7.6 课后习题——打造逼真的油画效果

在本章节中主要对 Photoshop 中的滤镜特效功能进行了全面深入的讲解，接下来为了巩固前面所学的知识，下面为大家准备了一张素材图像，应用前面所讲知识，将这张图像打造为逼真的油画效果。

【实例文件】

素 材:

资源包 \ 素材 \05\03.jpg

源文件:

资源包 \ 源文件 \05\ 合成超现实的地产广告 .psd

【操作要点】

◆ 复制图像,对复制的图层执行"滤镜 > 油画"菜单命令,应用"油画"对话框中的选项设置创建油画纹理;

◆ 结合"USM 锐化"滤镜和"浮雕效果"滤镜对图像的细节进行处理,通过锐化的方式让油画纹理变得更加清晰;

◆ 应用调整命令对图像的颜色进行处理,加强色彩和明暗对比,表现油画厚重的色彩。

Chapter 08

风景照片处理

　　做商业设计时，经常会选择一些风景照片作为设计使用的素材。很多风景照片在打开时都会存在或多或少的问题，如果直接将其应用到设计作品中，容易降低图像的品质，影响画面的美观，所以在应用到设计前，需要对拍摄到风景照片素材做一些简单的后期处理，使照片呈现最完美的状态。

　　本章中采用详细的操作步骤讲解了风景照片后期处理的全流程，让读者熟悉风景类照片处理的要点与编辑流程，通过学习读者能熟练使用 Photoshop 完成风景照片的后期修复与美化工作。

【任务要求】

　　风景类照片是设计时经常选用的一种素材，而很多照片从拍摄出来的片子中画面看起来并不是很美观，以下面的风景照片为例，需要对照片进行后期修饰与美化处理，重新让照片再现真实的自然场景。

　　1.把照片中的一些问题、瑕疵去掉，让画面变得干净；

　　2.准确把握色彩，对照片的颜色进行美化，充分还原美丽的自然风光；

　　3.注重画面的完整性，适当进行美化让画面变得更加美观。

【提出设想】

　　1.如何去掉风景照片中多余的景物？

　　2.风景照片轻微曝光不足时，我们要怎样让它恢复到正常曝光状态下的效果？

　　3.风景照片中出现了噪点，需要如何对它进行降噪处理？

　　4.如果要对照片中颜色相近的区域进行调整，使用什么工具选择更为合适？

　　5.怎样才能让处理后的照片显得更加完整？

【思维导向图】

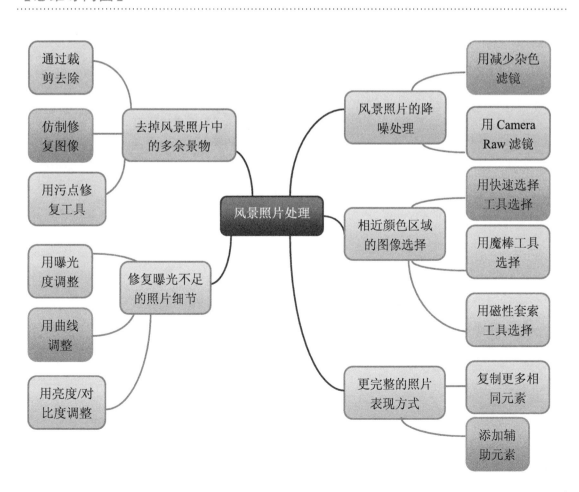

【效果展示】

【制作流程】

【关键知识点】

◆ "仿制图章工具"修复图像
◆ "套索工具"快速选择图像
◆ "色相/饱和度"调整图像颜色饱和度
◆ 应用"色阶"命令加强对比效果
◆ 设置"图层样式"添加投影

【实例文件】

素 材：
资源包\素材\08\01.jpg
源文件：
资源包\源文件\08\风景照片处理.psd

【步骤解析】

Part 01 **去除照片中的杂物**

在拍摄风景照片时，由于受到拍摄环境的影响，经常会在拍摄的照片中出现一些多余的杂物。本小节中将运用"仿制图章工具"把照片中出现的杂物去掉，使画面变得更加干净。

⓵复制图层

打开资源包中的素材 \08\01.jpg 素材图像，选中"背景"图层，将其拖曳至"创建新图层"按钮上，释放鼠标，复制图层，得到"背景拷贝"图层。

⓶取样并修补图像

观察照片发现照片下方有一些杂物，单击工具箱中的"仿制图章工具"按钮，将鼠标移至画面中多余的物体旁边，按下 Alt 键单击进行取样，然后在需要去除的多余对象上单击并涂抹，修复图像。

⓷去除多余图像

继续使用"仿制图章工具"对画面底部的图像进行处理，去掉多余的图像，得到更干净的画面效果。

⓸选择图像

单击"套索工具"按钮，在选项栏中设置"羽化"为 4 像素，在画面中单击并拖曳鼠标，绘制选区，按下快捷键Ctrl+J，复制选区内的图像。

技巧提示：羽化大小

运用"套索工具"选择图像时，设置的"羽化"值越大，选择的图像边缘就越柔和。

⑤调整图像位置

单击工具箱中的"移动工具"按钮 ▶⊕，把"图层 1"中的图像复制到原图像中的房子所在位置，遮盖下方多余的房子。

⑥编辑图层蒙版

为"图层 1"添加图层蒙版，设置前景色为黑色，选择"画笔工具"，输入"不透明度"为 41%，然后在图像边缘涂抹，使图像融合到一起。

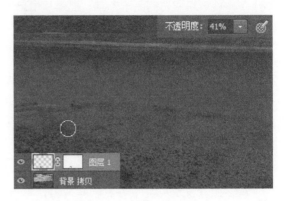

⑦仿制修复图像

为了得到更干净的画面效果，按下快捷键 Ctrl+Shift+Alt+E，盖印所有图层，得到"图层 2"图层，选用"仿制图章工具"仿制并修复图像。

⑧复制选区内的图像

按下快捷键 Ctrl+J，复制图层，得到"图层 2 拷贝"图层，执行"图层 > 智能对象 > 转换为智能对象"菜单命令，把图层转换为智能图层。

⑨设置滤镜锐化图像

由于原图像锐化不够，画面略显模糊，因此执行"滤镜 > 其他 > 高反差保留"菜单命令，打开"高反差保留"对话框，在对话框中设置选项，锐化图像，再选中"图层 2 拷贝"图层，将此图层的混合模式设置为"叠加"，锐化图像，得到更清晰的图像效果。

⑩更改图层混合模式

按下快捷键 Ctrl+Shift+Alt+E，盖印所有图层，得到"图层 3"图层，选中盖印的"图层 3"图层，将该图层的混合模式设置为"叠加"，"不透明度"设置为 22%。

⑪创建选区

单击工具箱中的"快速选择工具"按钮 ✎，单击选项栏中的"添加到选区"按钮，在画面中的天空部分连续单击，选择图像中的整个天空部分。

⑫设置滤镜去除杂色

选择天空部分后，仔细观察发现天空中有一些噪点，按下快捷键 Ctrl+J，复制图像，得到"图层 4"图层，执行"滤镜 > 杂色 > 减少杂色"菜单命令，打开"减少杂色"对话框，在对话框中输入"强度"为 6，"保留细节"为 60，"减少杂色"为 45，"锐化细节"为 50，设置后单击"确定"按钮，去除杂色。

Part 02 **分区域调整照片颜色**

完成了照片瑕疵处理后，接下来为了让照片能够展现漂亮的自然风光，可运用 Photoshop 中的选择工具在照片中选择不同的区域，结合"调整"面板和"属性"面板对选定区域内的图像进行调整，展现更加美丽的自然美景。

⑪载入图层选区

观察图像，发现下方的山峰部分太暗了，需要将其提亮，按下 Ctrl 键不放，单击"图层"面板中的"图层 4"图层缩览图，载入选区，执行"选择 > 反向"菜单命令，反选选区，选中下半部分的山峰图像。

⑫用"曲线"提亮图像

单击"调整"面板中的"曲线"按钮，新建"曲线 1"调整图层，打开"属性"面板，在面板中的曲线上单击，选中一个曲线控制点，再向上拖曳该曲线控制点，提高选区内的图像的亮度。

⑬调整"色阶"

按下 Ctrl 键不放，单击"曲线 1"图层蒙版，载入选区，新建"色阶 1"调整图层，并在"属性"面板中输入色阶为 23、1.32、213。

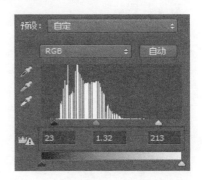

⑭设置填充色填充图像

按下 Ctrl 键不放，单击"色阶 1"图层蒙版，载入选区，单击"图层"面板底部的"创建新的填充或调整图层"按钮，在弹出的菜单中单击"纯色"命令，打开"拾色器（纯色）"对话框，在对话框中输入颜色为 R37、G13、B9，单击"确定"按钮，创建"颜色填充 1"调整图层，将"颜色填充 1"图层的混合模式设置为"柔光"，"不透明度"为 25%。

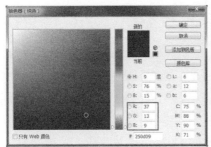

⑮调整"色相/饱和度"增强色彩

为了让下面的灰暗山峰颜色变得更加绚丽，再次载入选区，新建一个"色相/饱和度 1"调整图层，在"属性"面板中选择"全图"，输入"色相"为 -4，"饱和度"为 +11，提高整体饱和度，再选择"红色"选项，输入"色相"为 +9，"饱和度"为 +15，选择"黄色"选项，输入"色相"为 -12，"饱和度"为 +30，加强局部色彩。

06设置"自然饱和度"

经过前一步操作，发现颜色还是不够饱满，因此再针对此选区的图像，创建一个"自然饱和度"调整图层，在"属性"面板中单击并向右拖曳"自然/饱和度"滑块，进一步提高图像的颜色鲜艳程度。

07载入图层选区

经过前面的处理完成了山峰部分的调整，接下来再对天空部分做调整，按下Ctrl键不放，单击"图层4"图层缩览图，将天空部分载入到选区中。

08设置"色阶"

创建"色阶2"调整图层，在打开的"属性"面板中向右拖曳灰色滑块，提亮中间调，再向左拖曳白色滑块，提亮高光。

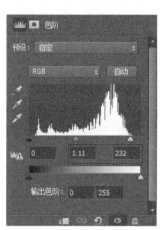

09载入蒙版选区

设置完成后，返回图像窗口，查看图像效果，此时可以看到天空部分的层次感出来了，再按下Ctrl键不放，单击"色阶1"图层蒙版，载入选区。

10设置并编辑"曲线"

单击"调整"面板中的"曲线"按钮，新建"曲线2"调整图层，并在"属性"面板中单击添加曲线控制点，向下拖曳控制点，提亮图像，然后用黑色画笔在较亮的云层位置涂抹，还原图像亮度。

⑪设置"色相/饱和度"增强色彩

经过设置山峰的颜色变鲜艳了，但云层及天空等区域的颜色却显得太暗淡了，因此，为了让画面的颜色更为统一，接下来再使用"色相/饱和度"进行调整，创建"色相/饱和度2"调整图层，打开"属性"面板，先选择"蓝色"选项，输入"色相"为 −25，"饱和度"为 +25，调整蓝色，让天空和湖面颜色变得更蓝，再选择"全图"选项，输入"饱和度"为 +33，提升全图饱和度。

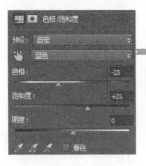  

⑫运用画笔编辑蒙版

经过上一步操作，我们可以发现虽然颜色变好看了，但是有些区域颜色过于鲜艳，所以选择"画笔工具"设置前景色为黑色后，在偏鲜艳的部分涂抹，还原图像颜色。

⑬羽化选区

为了加强山峰与湖面色彩反差，用"快速选择工具"选中照片中的湖面区域，执行"选择 > 修改 > 羽化"菜单命令，打开"羽化选区"对话框，输入"羽化半径"为 1，羽化选区。

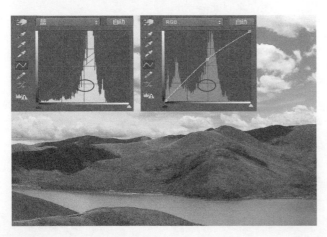

⑭设置"曲线"调整颜色

单击"调整"面板中的"曲线"按钮，新建"曲线3"调整图层，打开"属性"面板，在面板中先选择"蓝"通道，向上拖曳通道曲线，加深蓝色，再选择RGB通道，向上拖曳曲线，提亮图像。

Part 03 **为风景照片添加边框**

为了让照片显得更加完整，我们可以为调整后的照片添加上边框效果，利用"矩形工具"在图像下方绘制白色矩形，并为绘制的矩形添加投影后，输入简单的文字即可。

①盖印图像填充白色背景

按下快捷键 Ctrl+Shift+Alt+E，盖印图层，得到"图层5"图层，在"图层5"图层下方创建"图层6"图层，并将此图层填充为白色，选中"图层5"图层，按下快捷键 Ctrl+T，调整图像大小，将其置于中间位置。

②设置"投影"样式

选用"矩形工具"在白色的背景中绘制一个白色的矩形，执行"图层 > 图层样式 > 投影"菜单命令，打开"图层样式"对话框，在对话框中输入"不透明度"为56，"角度"为24，"距离"为5，"大小"为10，单击"确定"按钮，应用样式。

③添加蒙版并输入文字

选择工具箱中的"矩形选框工具"，在画面中单击并拖曳鼠标，绘制一个矩形选区，单击"图层5"图层，单击"图层"面板底部的"添加蒙版"按钮 ，添加蒙版，隐藏选区外的图像，最后使用"横排文字工具"在画面下部分输入文字。

Chapter 09

人像照片处理

　　相对于前面章节讲解的风景照片处理，人像照片的后期处理更需要仔细。人像作为很多设计作品中不可缺少的主要元素之一，不仅需要表现个性化的人物特点，而且需要保证人物呈现出最完美的状态。

　　本章以一张室外写真照片为例，采用详细的操作步骤向大家介绍人像照片后期处理的全流程，读者在学习的过程中，能够熟悉并掌握人像照片后期处理的要点与处理流程，并能应用所学知识完成各种人像照片的后期处理，获得满意的照片效果。

【任务要求】

　　下面是一张拍摄的人像写真照片，需要对这张人像做后期处理，即运用 Photoshop 修复人物肌肤上面的瑕疵，并对照片的影调、色彩进行美化，把这张照片制作为一张漂亮的时尚杂志封面效果。

　　1. 经过处理后的照片缩放后不会显示斑点、黑痣等明显的瑕疵问题；

　　2. 照片的色彩需要更加出色，能够表现出更强的艺术设计感；

　　3. 为了使处理后的人像照片不显得过于单调，要在照片中添加一些简单的文字加以修饰。

【提出设想】

　　1. 使用哪个滤镜才能磨平肌肤细纹，得到光滑的皮肤效果？

　　2. 怎么快速去除人物面部的痘痘、黑痣等明显的瑕疵？

　　3. 在处理人像照片时，怎样才能对指定的区域进行编辑呢？

　　4. 如何对人像照片中的指定颜色做调整？

　　5. 如何设置杂志封面的主标题文字字体？

【思维导向图】

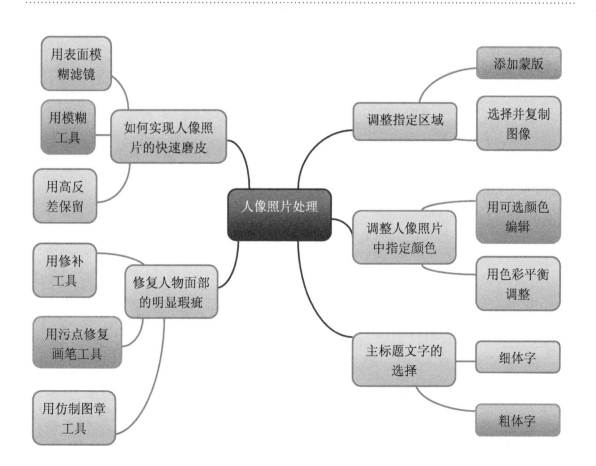

【效果展示】

【制作流程】

【关键知识点】　　　　　　　　　　　　【实例文件】

◆ 使用"污点修复画笔工具"去除面部瑕疵

◆ 使用"仿制图章工具"去除眼纹

◆ 使用"表面模糊"滤镜为人物快速磨皮

◆ 使用"可选颜色"命令调整照片色彩

◆ 使用"色彩平衡"命令修饰色彩

素　材:

资源包 \ 素材 \09\01.jpg

源文件:

资源包 \ 源文件 \09\ 人像照片处理 .psd

【步骤解析】

Part 01 合成广告背景图像

对于人物照片的处理,首先我们要观察照片中的模特,很多时候模特的皮肤、身材都会存在一些小的问题需要我们进行处理。在本小节中,我们将会运用 Photoshop 中提供的图像修复类工具,去除人物皮肤上面的痘印、黑痣等,然后再对干净的肌肤进行磨皮,使画面中的模特肌肤显得更加细腻。

01 裁剪照片调整构图

资源包中的素材 \09\01.jpg 素材照片,单击工具箱中的"裁剪工具"按钮 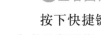,取消"删除裁剪的像素"复选框的选中状态,使用"裁剪工具"对画面稍做裁剪。

02 查看图像

按下快捷键 Ctrl++,放大图像,此时我们先来观察图像,从放大后的图像上我们可以看到人物脸部有一些黑痣、痘痘,并且皮肤也显得不够光滑。

③ 单击修补图像

按下快捷键 Ctrl+J，复制图层，得到"图层 0 拷贝"图层，单击工具箱中的"污点修复画笔工具"按钮 ，将鼠标移至脸部明显的瑕疵位置，单击后修复瑕疵。

④ 修复面部瑕疵

按下键盘中的 [或] 键，调整画笔笔触大小，使用"污点修复画笔工具"继续修复图像，得到干净的肌肤效果。

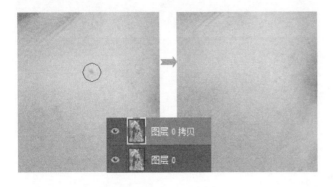

⑤ 盖印并复制图层

按下快捷键 Ctrl+Shift+Alt+E，盖印图层，得到"图层 1"图层，按下快捷键 Ctrl+J，复制"图层 1"图层，创建"图层 1 拷贝"图层，将此图层转换为智能图层。

⑥ 设置"表面模糊"滤镜

执行"滤镜 > 模糊 > 表面模糊"菜单命令，打开"表面模糊"对话框，在对话框中输入"半径"为 4，"阈值"为 7，单击"确定"按钮，模糊图像，得到更光滑的肌肤效果。

⑦ 用滤镜去除杂色

执行"滤镜 > 杂色 > 减少杂色"菜单命令，打开"减少杂色"对话框，在对话框中设置选项，输入"强度"为 6，"保留细节"为 60，"减少杂色"为 45，"锐化细节"为 50，输入后单击"确定"按钮，应用滤镜进一步实现人像的磨皮处理。

⑧编辑图层蒙版

选中"图层1拷贝"图层，单击"图层"面板中的"添加蒙版"按钮，添加蒙版，并把蒙版填充为黑色后，用白色画笔涂抹皮肤区域，显示光洁的肌肤效果。

⑨盖印图层

按下快捷键 Ctrl+Shift+Alt+E，盖印图层，得到"图层2"图层，放大图像，可以看到人物的眼部有细小的皱纹。

⑩单击并取样图像

单击工具箱中的"仿制图章工具"按钮 ，将鼠标移至眼部皱纹旁边的光滑的皮肤位置，按下 Alt 键单击取样，然后在皱纹所在位置涂抹，修复图像。

⑪去除眼纹

继续使用同样的操作方法，反复涂抹修复图像，去掉人物眼睛下方较明显的眼纹，使模特显得更加年轻。

⑫载入图层选区

按下 Ctrl 键不放，单击"图层1拷贝"图层蒙版，将该蒙版作为选区载入。

⑬反选图像

执行"选择 > 反向"菜单命令，反选选区，按下快捷键 Ctrl+J，复制选区内的图像，得到"图层3"图层。

⑭设置"USM 锐化"滤镜

执行"滤镜 > 锐化 >USM 锐化"菜单命令，打开"USM 锐化"对话框，在对话框中输入"数量"为50，"半径"为5.0，单击"确定"按钮，锐化图像，使画面变得更清晰。

Part 02 组成版面完成报纸广告制作

照片的色彩决定了画面的整体效果，在下面的小节中，利用 Photoshop 中的颜色调整功能对拍摄的人像照片进行色彩的美化，打造更加唯美的画面效果。

①用"曲线"调整颜色

单击"调整"面板中的"曲线"按钮，新建"曲线 1"调整图层，打开"属性"面板，在面板中分别选择红、蓝、RGB 通道，用鼠标编辑各通道曲线的形状，通过添加曲线控制点，更改曲线形状，调整画面的整体颜色。

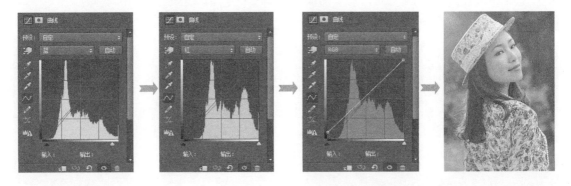

②编辑蒙版

单击"曲线 1"图层蒙版，设置前景色为黑色，选择"画笔工具"，在选项栏中设置"不透明度"为12%，运用画笔涂抹皮肤，还原皮肤部分的肌肤亮度。

03 设置"可选颜色"选项

新建"选取颜色 1"调整图层，打开"属性"面板，选择"红色"选项，输入颜色值为 -17、-4、-8，选择"黄色"选项，输入颜色值为 0、-6、-39、-16，选择"白色"选项，输入颜色值为 0、-3、-3、0，选择"中性色"选项，输入颜色值为 +9、+9、-11、+2。

04 查看效果

设置完成后，返回图像窗口，查看应用"可选颜色"调整的图像，使画面颜色显得更加唯美。

05 设置"色彩平衡"

新建"色彩平衡 1"调整图层，并在"属性"面板中选择"中间调"色调，输入颜色值为 +16、+14、-4，选择"阴影"色调，输入颜色值为 -2、-2、-9，选择"高光"色调，输入颜色值为 0、-3、0。

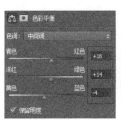

06 设置"色彩平衡"

新建"色彩平衡 2"调整图层，继续在"属性"面板中对"阴影"和"中间调"进行设置，调整图像颜色。

07 编辑图层蒙版

单击"色彩平衡 2"调整图层，用"渐变工具"编辑蒙版，控制色彩调整范围。

169

⓼用"曲线"提亮画面

单击"调整"面板中的"曲线"按钮，新建"曲线2"调整图层，打开"属性"面板，单击并向上拖曳曲线，提亮图像。

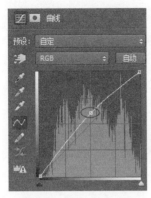

⓽选择图像编辑蒙版

选择"椭圆选框工具"，在选项栏中设置"羽化"值为200，在画面中单击并拖曳鼠标，绘制选区，再反选选区，单击"曲线2"图层蒙版，将选区填充为黑色。

⓾设置并填充颜色

单击"图层"面板底部的"创建新的填充或调整图层"按钮，在弹出的菜单中单击"纯色"命令，打开"拾色器（纯色）"对话框，在对话框中输入颜色值为0、0、51，单击"确定"按钮，在"图层"面板中创建"颜色填充1"调整图层，将图层混合模式设置为"排除"后，单击"颜色填充1"图层蒙版，用黑色画笔在人物的皮肤位置涂抹，隐藏皮肤位置的填充颜色。

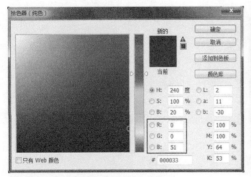

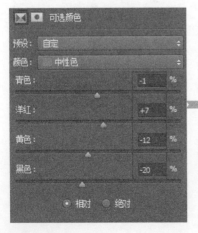

⓫用"可选颜色"调整颜色

单击"调整"面板中的"可选颜色"按钮，新建"选取颜色2"调整图层，打开"属性"面板，在面板中选择"中性色"，输入颜色值为 –1、+7、–12、–20，调整颜色。

⑫设置"色彩平衡"

新建"色彩平衡3"调整图层，打开"属性"面板，选择"中间调"色调，输入颜色值为–2、–4、+8，选择"高光"色调，输入颜色值为–5、0、+15，选择"阴影"色调，输入颜色值为–19、+13、+12。

Part 03 **为人像照片添加文字**

为了使画面更加美观，本小节中会结合"横排文字工具"和"字符"面板在照片中添加文字，通过为文字添加投影样式，制作出时尚的杂志封面效果。

①输入横排文字

新建"文字"图层组，选择"横排文字工具"，执行"窗口 > 字符"菜单命令，打开"字符"面板，在面板中对文字属性进行设置，然后将鼠标移至画面左上角位置，单击并输入文字。

②更改文本方向

选中输入后的文字图层，单击"横排文字工具"选项栏中的"切换文本方向"按钮，将文字更改为纵向排列。

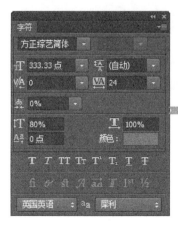

③设置"投影"样式

执行"图层 > 图层样式 > 投影"菜单命令，打开"图层样式"对话框，选中"投影"样式，设置投影颜色为R235、G106、B140，"不透明度"为75，"距离"为7，"大小"为2，设置后单击"确定"按钮。

04 应用图层样式

返回图像窗口，查看应用"投影"样式后的文字效果，此时可以看到画面中的文字变得更清晰。

05 更改属性输入文字

单击工具箱中的"横排文字工具"按钮 T ，执行"窗口>字符"菜单命令，打开"字符"面板，在面板中对文字属性进行设置，将鼠标移至已输入的文字右侧，单击并输入文字。

06 在图像上输入文字

单击工具箱中的"横排文字工具"按钮 T ，执行"窗口>字符"菜单命令，打开"字符"面板，在面板中对文字属性进行设置，然后在画面中间位置单击并输入白色的文字效果。

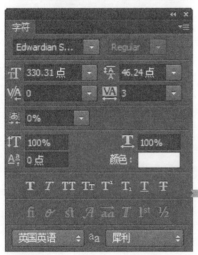

07 设置"投影"样式

执行"图层>图层样式>投影"菜单命令，打开"图层样式"对话框，选中"投影"样式，"不透明度"为42，"距离"为8，"大小"为10，设置后单击"确定"按钮。

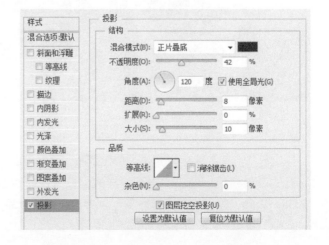

08 应用图层样式

返回图像窗口，查看应用"投影"样式后的文字效果，此时可以看到在白色的英文下方显示清晰的投影效果，使文字更有立体感。

09 输入更多的文字

结合"横排文字工具"和"字符"面板在画面中完成更多文字的添加，得到更加丰富的版面效果。

10 绘制白色矩形

单击工具箱中的"矩形工具"按钮 ▣，在选项栏中设置模式为"形状"，填充色为白色，然后在输入的条码上方单击并拖曳鼠标，绘制一个白色的矩形。

11 复制图形更改颜色

将绘制的白色矩形移至条码文字下方，按下快捷键Ctrl+J，复制矩形，然后将复制的矩形颜色更改为R246、G55、B85，调整矩形大小和位置，得到完整的时尚杂志封面效果。

Chapter 10

网店照片处理

在网店中选购商品时，顾客是看不到实物商品的，这时买家就只能通过商家所提供的图片来了解商品的功能、效果、属性等。因此，这些图片的好坏就直接决定了商品的点击率和购买率，当我们展示的图片既美观，又能恰到好处地表现其主要功能和特点时，消费者自然而然地就会愿意花钱来购买我们的产品。

本章中通过制作一个商品宝贝主图，让读者知道网店照片处理的要点与操作流程，通过学习大家能够掌握网店照片处理的精髓，并能独立完成网店照片的快速处理。

【任务要求】

　　为一家从事母婴用品的淘宝卖家制作一张宝贝主图，其主要表现对象为适合于 12 ～ 36 个月月宝宝适用的一款奶粉，在设计时需要将该品牌奶粉产地、适合年龄与设计紧密结合起来，让买家看到图片时能够决定该产品是否适合于自己。

　　1. 图案设计需要与表现的商品气质相符，使整个画面显得更统一；

　　2. 结合奶粉的特点，要求具有视觉冲击力，醒目易于记忆；

　　3. 要做到主体突出，主次有序，需将产品的品牌、适合年龄、营养价值等重要卖点表现出来。

【提出设想】

　　1. 需要选择什么样的照片才能更完整地表现奶粉上的重要信息？

　　2. 拍摄出来的奶粉罐颜色与实物颜色有一定差别，怎样处理？

　　3. 怎样才能使奶粉上面的文字显得更加清晰？

　　4. 奶粉罐上面的瑕疵怎么处理？需要将它们去除吗？

　　5. 在设计的时候怎样的颜色搭配才能使画面的主题更统一？

【思维导向图】

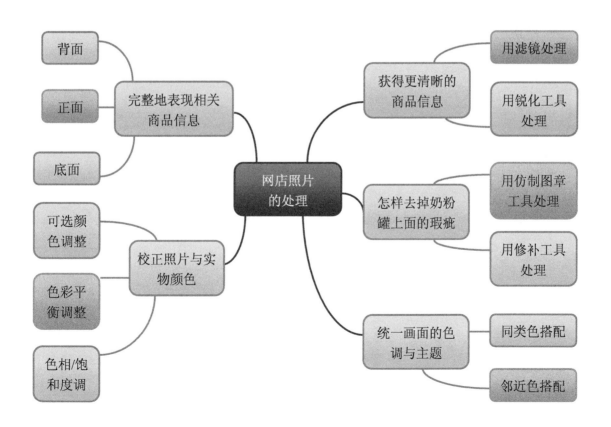

【效果展示】

【制作流程】

【关键知识】　　　　　　　　　【实例文件】

◆ 运用图层蒙版合成背景

◆ 使用"钢笔工具"抠取图像

◆ 使用"画笔工具"绘制飞溅的水花

◆ 使用"曲线"命令提亮图像

◆ 使用"渐变工具"编辑图层蒙版

素　材：

资源包 \ 素材 \10\01~04.jpg

源文件：

资源包 \ 源文件 \10\ 网店照片处理 .psd

【步骤解析】

Part 01 制作主图背景

学习网店照片的处理，首先需要学会制作宝贝主图，本小节中会利用 Photoshop 中的图像合成功能，把多张素材拼合到一起，制作一张全新的背景图像。

01 执行命令新建文件

执行"文件 > 新建"菜单命令，打开"新建"对话框，在对话框中设置新建文件名为"宝贝主图"，指定文件"宽度"为 1500，"高度"为 1500，"分辨率"为 72，单击"确定"按钮，新建文件。

02 复制图像调整大小

打开资源包中的素材 \10\01.jpg 背景素材图像，将打开的图像复制到新建文件中，得到"图层 1"图层，按下快捷键 Ctrl+T，打开自由变换编辑框，拖曳编辑框中的图像，调整至合适大小。

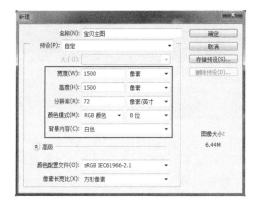

03 复制图像

打开资源包中的素材 \10\02.jpg 素材图像，将打开的图像复制到新建文件中，得到"图层 2"图层，按下快捷键 Ctrl+T，打开自由变换编辑框，拖曳编辑框中的图像，调整至合适大小。

⓸添加蒙版

在"图层"面板中选中"图层 2"图层，单击"图层"面板底部的"添加蒙版"按钮 ⚬ ，为"图层 2"图层添加图层蒙版。

⓺编辑图层蒙版

当拖曳至一定的位置后，释放鼠标，应用"渐变工具"完成蒙版的处理，图像能够自然地拼合到一起，得到一个全新的背景效果。

> **技巧提示：选择不同类型的渐变**
>
> 在"渐变工具"选项栏中提供了线性、径向、角度、对称和菱形 5 种渐变类型，默认选择线性渐变，如果需要选择其他类型的渐变，则只需要单击选项栏中对应的渐变按钮即可。

⓹用"渐变工具"编辑蒙版

设置前景色为白色，背景色为黑色，单击"渐变工具"按钮 ▣ ，在选项栏中选择"前景色到背景色渐变"，单击"对称渐变"按钮 ▣ ，勾选"反向"复选框，从图像中间向底部拖曳鼠标。

⓻设置选择范围

为了表现喷溅的牛奶效果，打开资源包中的素材 \10\03.jpg 素材图像，执行"选择 > 色彩范围"菜单命令，打开"色彩范围"对话框，在对话框中用"吸管工具"在白色的牛奶位置单击，设置选择范围，再单击"添加到取样"按钮，继续单击牛奶中间的黑色部分，扩大选择范围。

⑧根据选择范围创建选区

当画面中的所有牛奶区域都显示为白色时，单击"确定"按钮，返回图像窗口，根据设置的选择范围，创建选区，选中画面下半部分的牛奶图像。

⑨设置并收缩选区

执行"选择 > 修改 > 收缩"菜单命令，打开"收缩选区"对话框，在对话框中输入"收缩量"为1，单击"确定"按钮，收缩选区效果，选择更准确的对象。

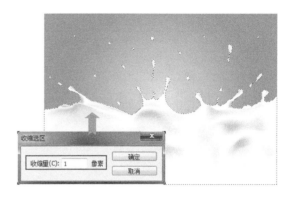

⑩复制选区内的图像

按下快捷键 Ctrl+J，复制选区内的图像，在"图层"面板中将生成"图层1"图层，单击"背景"图层前的"指示图层可见性"按钮 ，隐藏"背景"图层，查看到从原图像中抠出的牛奶图像。

⑪复制图像

抠出牛奶后，接下来我们要把它添加到背景中，单击工具箱中的"移动工具"按钮 ，把抠出的牛奶图像复制到制作好的新背景之中，得到"图层3"图层，按下快捷键 Ctrl+T，打开自由变换编辑框，拖曳编辑框，调整图像大小，再按下 Enter 键应用变换效果。

⑫载入图层选区

按住Ctrl键不放，单击"图层3"图层缩览图，将此图层中的图像载入到选区中，选中添加至图像上的牛奶。

⑬设置"色阶"

单击"调整"面板中的"色阶"按钮，新建"色阶1"调整图层，并在"属性"面板中向左拖曳灰色滑块，提亮中间调，使牛奶变得更白。

Part 02 把商品从原照片中抠出

制作好主图背景后，接下来就是对拍摄的商品照片进行处理，利用"钢笔工具"把商品从原背景中抠取出来，结合图像修复工具修复商品上的瑕疵。

①沿奶粉绘制路径

为了表现更完整的商品信息，接下来在选择奶粉素材时，选择正面拍摄的商品照片，因此，打开资源包中的素材 \10\04.jpg 奶粉正面素材图像，选择工具箱中的"钢笔工具"，沿奶粉桶的边缘绘制路径，绘制完成后在"路径"面板中显示路径缩览图。

②将路径转换为选区

右击绘制的工作路径，在弹出的

快捷菜单中单击"建立选区"命令，打开"建立选区"对话框，在对话框中输入"羽化半径"为1，单击"确定"按钮，将绘制的工作路径转换为选区，选中画面中的奶粉桶。

⑬复制并抠出商品

按下快捷键 Ctrl+J，复制选区内的图像，并在"图层"面板中生成"图层 1"图层，单击"背景"图层前的"指示图层可见性"按钮，隐藏"背景"图层，查看抠出的奶粉效果。

⑭单击取样并修复图像

放大图像后，发现奶粉桶边缘有些磨损，因此选择"仿制图章工具"，按下 Alt 键不放，在完好的奶粉桶边缘位置单击取样，然后将光标移至有瑕疵处，单击或拖曳鼠标，修补图像。

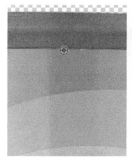

⑮修复图像

继续运用"仿制图章工具"对奶粉桶上的更多瑕疵进行处理，修复瑕疵，使得奶粉桶看起来更加完整而干净。

Part 03 复制商品图像至新背景

抠出要表现的商品图像后，需要把抠出的图像复制到前面设计好的背景中，然后根据要表现的风格，对图像的明暗、色彩做进一步的调整，统一画面整体色调。

⑪创建新的图层组

打开"图层"，单击面板底部的"创建新组"按钮，新建"组 1"图层组，再将新建的图层组命名为"产品"。

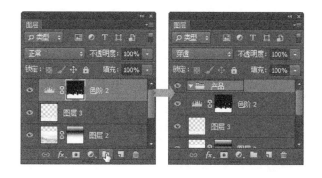

⑫转换智能图层

选择"移动工具"，把抠出的奶粉图像拖曳至设置好的背景中，得到"图层 4"图层，并将图层转换为智能图层。

③设置"内发光"样式

双击"图层 4"图层，打开"图层样式"对话框，单击"样式"列表中的"内发光"样式，在展开的选项中设置混合模式为"柔光"，"不透明度"为 38，"大小"为 40。

④设置"外发光"样式

单击"样式"列表中的"外发光"样式，在展开的选项中设置混合模式为"滤色"，"不透明度"为 75，"大小"为 35，"范围"为 50，设置后单击"确定"按钮。

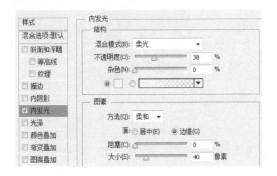

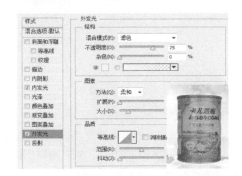

⑤设置"USM 锐化"滤镜锐化图像

观察图像发现奶粉锐化不够，上面的文字不清晰，执行"滤镜 > 锐化 >USM 锐化"菜单命令，打开"USM 锐化"对话框，在对话框中输入"数量"为 50，"半径"为 2.0，输入完成后单击"确定"按钮，返回图像窗口，应用设置的滤镜选项，锐化图像，获得更清晰的画面效果。

⑥载入选区

锐化图像后发现奶粉桶与背景相比明显太暗了，因此需要提亮，按下 Ctrl 键不放，单击"图层"面板中的"图层 4"图层缩览图，载入选区，选中奶粉图像。

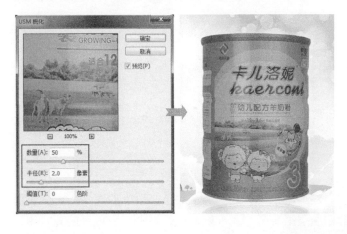

⑦设置"曲线"加强对比

单击"调整"面板中的"曲线"按钮，新建"曲线 1"调整图层，并在"属性"面板中对曲线进行设置以提亮灰暗的奶粉图像。

⓼载入图层选区

按下 Ctrl 键不放，单击"图层"面板中的"图层 4"图层缩览图，再次载入选区，选中图像中的奶粉。

⓽选择"高光"选项

执行"选择 > 色彩范围"菜单命令，打开"色彩范围"对话框，在对话框中单击"选择"下拉按钮，在展开的列表中选择"高光"选项，设置选择范围为高光部分，单击"确定"按钮。

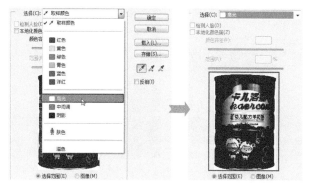

⓾设置并填充颜色

根据设置的选择范围，创建选区，选中奶粉桶上的高光部分，单击工具箱中的"设置前景色"按钮，打开"拾色器（前景色）"对话框，在对话框中输入前景色为 R200、G199、B199，单击"确定"按钮，再单击"曲线 1"图层蒙版，按下快捷键 Alt+Delete，用设置的前景色填充选区。

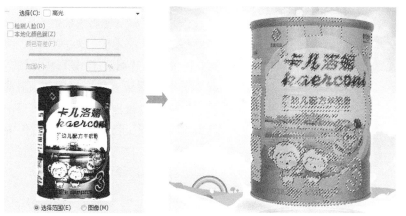

⑪根据高光部分

按下 Ctrl 键不放单击"图层 4"图层，再次载入奶粉桶选区，执行"选择 > 色彩范围"菜单命令，打开"色彩范围"对话框，在对话框中选择"高光"选项，单击"确定"按钮，选中高光部分。

⑫用"色阶"调整颜色

单击"调整"面板中的"色阶"按钮，在图像最上方创建"色阶2"调整图层，打开"属性"面板，选择"红"通道，输入色阶值为0、1.10、255，选择"蓝"通道，输入色阶为0、1.14、255，选择 RGB 通道，输入色阶值为7、0.73、255，输入完成后可以看到调整了选区内的图像色彩和明暗。

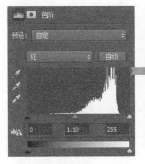 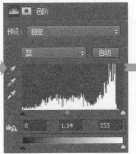 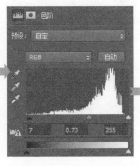 

⑬编辑蒙版

选择"画笔工具"，打开"画笔预设"选取器，单击"柔边圆"画笔，设置画笔"不透明度"为40%，前景色为黑色，用画笔在奶粉桶边缘涂抹，控制色阶调整范围。

⑭载入图层选区

按下 Ctrl 键不放，再次单击"图层"面板中的"图层4"图层缩览图，载入选区，选中画面中的奶粉图像。

⑮设置"色阶"

新建"色阶3"调整图层，打开"属性"面板，在面板中输入色阶值为1、1.15、232，调整选区内的图像明暗。

⑯调整"色彩平衡"选项

经过调整后发现奶粉桶颜色偏深，因此按下 Ctrl 键不放，再次单击"图层"面板中的"图层4"图层缩览图，载入选区，新建"色彩平衡1"调整图层，打开"属性"面板，在面板中选择"中间调"色调，输入颜色值为−18、+9、−23，增加青色、绿色和黄色，得到更清新的黄绿色调效果。

⓱设置"可选颜色"

按下 Ctrl 键不放，再次单击"图层"面板中的"图层 4"图层缩览图，载入选区，新建"色彩平衡 1"调整图层，打开"属性"面板，在面板中选择颜色为"黄色"，输入颜色比为 −17、−11、0、0，单击"绝对"单选按钮，调整颜色，使黄色变得更黄，使得画面的色调更统一。

⓲盖印选定图层

按下 Shift 键不放，单击"图层 4"和"选取颜色 1"图层，同时选中这两个图层中间的所有图层，按下快捷键 Ctrl+Alt+E，盖印图层，得到"选取颜色 1（合并）"图层。

⓳垂直翻转图像

执行"编辑 > 变换 > 垂直翻转"菜单命令，垂直翻转图像，单击"移动工具"按钮，选择并向下拖曳垂直翻转的奶粉图像，得到对称的奶粉效果。

⓴调整图层顺序添加蒙版

单击"图层"面板中的"选取颜色 1（合并）"图层，向下拖曳该图层，将此图层移至"图层 4"下方，单击"图层"面板底部的"添加蒙版"按钮，为"选取颜色 1（合并）"图层添加蒙版。

㉑编辑图层蒙版

设置前景色为黑色，背景色为白色，单击工具箱中的"渐变工具"按钮，在选项栏中选择"前景色到背景色渐变"，单击"线性渐变"按钮，从图像下方往上拖曳线性渐变，创建渐隐的图像效果。

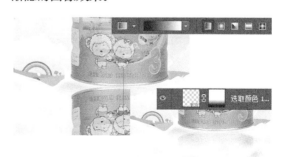

Part 04 添加元素丰富图像效果

将商品添加至新背景中以后，为了使画面更有表现力，在下面的小节中，会使用"画笔工具"在图像上绘制出喷溅的牛奶效果，赋予画面动感，同时，结合图形绘制工具和文字工具在图像上添加上文字加以补充说明。

①载入画笔

最后为了让画面更有吸引力，可以再添加更多喷溅的牛奶，选择"画笔工具"，单击画笔笔触大小右侧的倒三角形按钮，打开"画笔预设"选取器，单击"画笔预设"选取器右侧的扩展按钮 ，在弹出的菜单中单击"载入画笔"命令，打开"载入"对话框，单击对话框中的"笔刷1"，单击"载入"按钮，载入新的牛奶画笔。

②选择载入的画笔

在"画笔预设"选取器中单击载入的画笔，将前景色设置为白色，单击"图层"面板中的"创建新图层"按钮，新建"图层5"图层，在奶粉下方单击，绘制喷溅的牛奶效果。

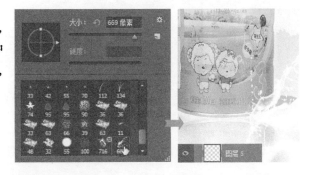

③载入画笔绘制图案

选择"画笔工具"，单击画笔笔触大小右侧的倒三角形按钮，打开"画笔预设"选取器，单击"画笔预设"选取器右侧的扩展按钮 ，在弹出的菜单中单击"载入画笔"命令，打开"载入"对话框，单击对话框中的"笔刷2"，单击"载入"按钮，载入第二种喷溅画笔，在"画笔预设"选取器中单击载入的画笔，将前景色设置为白色，新建"图层6"图层，在奶粉下方单击，继续绘制喷溅的牛奶效果。

④编辑图层蒙版

为了使绘制的牛奶与奶粉桶融合起来，选中"图层6"图层，单击"图层"面板底部的"添加蒙版"按钮 ，运用黑色画笔在绘制的牛奶上单击并涂抹，隐藏图像，使绘制的图像与下方的牛奶融合在一起。

⑥绘制多边形图形

选择"钢笔工具"，在选项栏中设置绘制模式为"形状"，单击"填充"右下角的"纯色"按钮，设置填充色为R253、G63、B68，运用钢笔绘制不同形状的图形。

⑧添加更多文字和图形

继续结合图形绘制工具在画面中绘制更多丰富的图形，然后运用"横排文字工具"在图像上输入文字，添加相关的促销信息，吸引买家的注意。

⑤用"钢笔工具"绘制图形

经过前面的操作，完成了图像处理，接下来就是促销信息的添加，添加文案信息前，选择"钢笔工具"，在选项栏中设置绘制模式为"形状"，单击"填充"右下角的倒三角形按钮，在展开的面板中单击"渐变"按钮，设置渐变颜色为R52、G146、B50，R201、G223、B94，设置后在画面中运用钢笔绘制图形，并根据设置的渐变色填充图形。

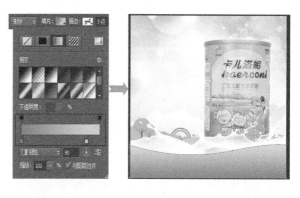

⑦设置并输入文字

选择"横排文字工具"，执行"窗口 > 字符"菜单命令，打开"字符"面板，在面板中设置文字字体为"方正大黑 -GBK"，字体大小为120点，文本颜色为白色，在绘制的图形上单击并输入文字。

Chapter 11

插画设计

插画也称为插图，是运用图案表现形象的一种艺术设计手段。插画的应用领域非常广，在书籍、商品包装、宣传海报中都会应用插画形式表现。插画的许多表现技法都与传统的绘画艺术相接近，与绘画艺术更是有着亲近的血缘关系。插画设计作为现实社会中不可替代的艺术形式，在设计时应当本着审美与实用相统一的原则，使用线条清晰、明快加以表现。

本章中通过制作一个非常简单的商品形象插画设计，读者通过学习掌握插画设计的流程与基本操作方法，学习熟练运用Photoshop独立完成插画设计。

【任务要求】

　　以迷你小汽车为原型创建一幅产品形象插画。围绕汽车紧凑、流畅的线型设计，较强的可操控性、节能环保等特点进行创意性的发挥，充分利用矢量图形与位图图像的组合设计，吸引更多的注意力，增强画面的感染力。

　　1. 插画风格为古典文艺风格，画面内容丰富，表现方式活泼；

　　2. 由于插画的特殊性，画面需要表现出较强的质感；

　　3. 插画要做到图文并茂，文字部分占用很小的画面空间。

【提出设想】

　　1. 使用什么的图形能够衬托汽车灵活的操控性？

　　2. 在绘制过程中，怎样才能将"低碳消费理念"这一新的时尚突显出来？

　　3. 如何才能将拍摄的汽车图片与绘制的矢量图结合到一起？

　　4. 画面中使用什么样的配色方案能够让图像更主次有序？

　　5. 插画中文字放在页面中的哪个位置更为合适？

【思维导向图】

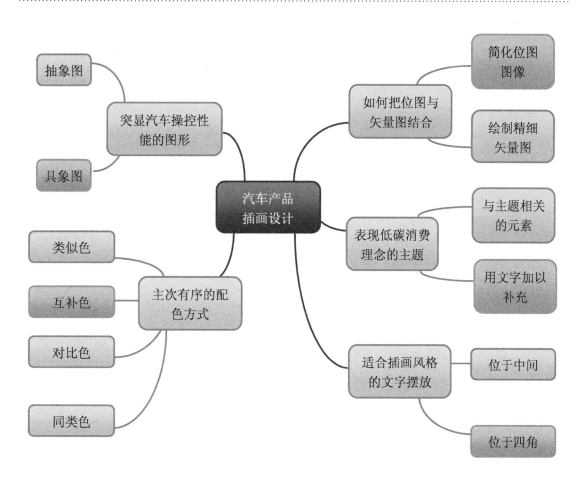

【效果展示】

【制作流程】

【关键知识点】

◆ 使用"钢笔工具"绘制图形

◆ 运用"图层"面板管理图层

◆ 路径与选区转换抠取出汽车

◆ 使用"曲线"调整图像颜色

◆ 调整混合模式拼合图像

【实例文件】

素　材：

资源包 \ 素材 \11\01~03.jpg

源文件：

资源包 \ 源文件 \11\ 插画设计 .psd

【制作流程】

Part 01 绘制插画背景图

本小节中，将介绍如何绘制矢量插画背景，运用"矩形工具"先绘制出两个不同颜色的矩形，对图像进行分区，再结合"钢笔工具"和"椭圆工具"在画面中绘制出不同形状的图形，得到简单的背景图像。

01 新建文件绘制图形

根据低碳环保的主题进行背景图案的绘制，执行"文件 > 新建"菜单命令，新建文件，单击工具箱中的"设置前景色"按钮，打开"拾色器（纯色）"对话框，在对话框中输入前景色为R169、G179、B49，单击"确定"按钮，选择工具箱中的"矩形工具"，在画面下方绘制绿色矩形，定义画面主色调为绿色调。

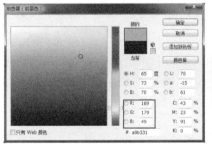

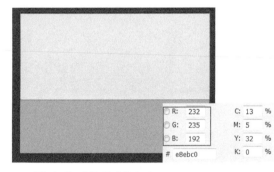

02 绘制矩形

执行"文件 > 新建"菜单命令，新建文件，单击工具箱中的"设置前景色"按钮，打开"拾色器（前景色）"对话框，在对话框中输入前景色为R232、G235、B192，单击"确定"按钮，运用"矩形工具"在画面上半部分绘制不同颜色的矩形。

03 合并形状绘制圆形

设置前景色为R211、G217、B145，选择工具箱中的"椭圆工具"，设置绘制模式为"形状"，按下 Shift 键不放在图像上单击并拖曳鼠标，绘制正圆图形，单击选项栏中的"路径操作"按钮 ，在展开的面板中单击"合并形状"选项，然后按下 Shift 键不放，继续在画面中单击并拖曳鼠标，绘制更多不同大小的圆形。

04 绘制手臂图像

绘制好背景后，为了将人文环保节能的主题相结合，可以绘制手形图案，新建"手"图层组，设置前景色为R100、G125、B96，选择"钢笔工具"，在选项栏中设置选项，在画面中绘制手形的树干。

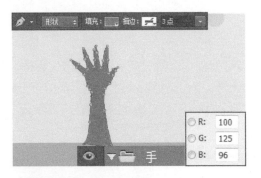

06 复制图形更改颜色

再次复制手形图形，得到"形状1拷贝3"图层，双击形状图层缩览图，打开"拾色器（纯色）"对话框，在对话框中设置填充色为R150、G142、B78，单击"确定"按钮，更改图形颜色。

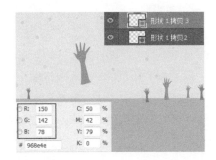

08 绘制大树外形

接下来是树枝部分的绘制，设置前景色为R154、G162、B96，选择"钢笔工具"，在选项栏中设置绘制模式为"形状"，设置填充方式为"纯色"，新建"树1"图层组，运用"钢笔工具"绘制大树图案。

05 复制图形调整大小和位置

绘制图形后，为了避免画面的单调感，选中"形状1"图层，连续按下两次快捷键Ctrl+J，复制图形，得到两个新的手形图案，然后使用"移动工具"把复制的图形移至不同的位置，并根据需要适当调整其大小，确定大树的位置。

07 复制更多手形图案

继续使用同样的方法，复制更多的图形，然后通过双击图层缩览图，将复制的图形颜色均设置为R150、G142、B78。

09 绘制单片叶子

设置前景色为R119、G128、B61，选择"钢笔工具"，在选项栏中设置绘制模式为"形状"，设置填充方式为"纯色"，运用"钢笔工具"在画面中继续绘制叶子图案。

⑩绘制更多叶片效果

完成了一个叶片的绘制后，接下来还要绘制更多的叶片效果，单击"钢笔工具"选项栏中的"路径操作"按钮，在展开的面板中单击"合并形状"选项，继续进行叶子的绘制，向大树添加更多不同大小的叶片，得到更精细的大树形象。

⑪绘制多个小圆图形

设置前景色为R230、G230、B146，选择"椭圆工具"，设置绘制模式为"形状"，设置填充方式为"纯色"，单击"路径操作"按钮，在展开的面板中单击"合并形状"选项，在画面中单击并拖曳鼠标，绘制更多的圆形。

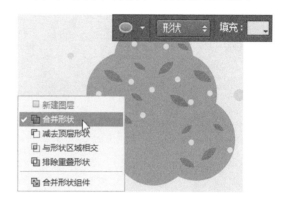

⑫设置并填充新颜色

在"图层"面板中选中"形状1"图层，按下快捷键CTRL+J，再次复制手形图案，得到"形状1拷贝6"图层，将拷贝的图层移到"椭圆2"图层上方，双击"形状1拷贝6"图层缩览图，打开"拾色器（纯色）"对话框，在对话框中输入颜色为R151、G101、B71，单击"确定"按钮，更改图形颜色，然后对图形的大小和位置进行设置。

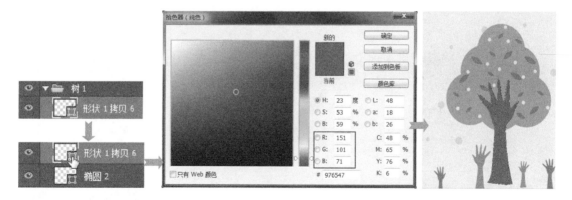

⑬复制图层组

单击"图层"面板中的"树1"图层组，将图层组及图层组中的图层同时选中，将其拖曳至"创建新图层"按钮，释放鼠标，复制出多个图层组副本，然后根据需要对复制的大树图案的颜色、大小和位置进行设置。

⑭绘制更多图形

新建"其他元素"图层组，继续使用 Photoshop 中的图形绘制工具在背景中绘制出更多的图形效果。

⑮绘制图形

为了衬托汽车灵活的操控性，可以在画面中绘制高灵敏度的老鼠，绘制图形前，新建"老鼠"图层组，选择"钢笔工具"，在选项栏中对绘制模式、填充颜色进行设置，然后在画面中绘制老鼠外形。

⑯创建复合形状

完成老鼠外形轮廓的绘制后，为了使老鼠的形象更突出，接着再进行尾巴的绘制，单击"椭圆工具"按钮 ，在选项栏中设置绘制模式为"形状"，填充颜色为黑色，单击"路径操作"按钮 ，在弹出的面板中单击"排除重叠形状"选项，在老鼠的尾巴位置单击并拖曳鼠标，绘制图形，制作出卷曲的尾巴效果。

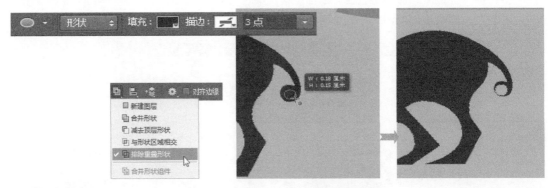

⑰绘制眼睛

绘制尾巴后，接着绘制眼睛，选择"钢笔工具"，设置绘制模式为"形状"，填充颜色为白色，然后老鼠的头部鼠标绘制出眼睛效果。

⑱绘制圆形

单击"椭圆工具"按钮 ，在选项栏中设置绘制模式为"形状"，填充颜色为黑色，在老鼠的鼻尖位置绘制一个黑色小圆形。

⑲绘制更多图形

新建"老鼠2""老鼠3""老鼠4"图层组，使用同样的绘制方法在这些图层组中绘制不同造型的老鼠图案，得到更丰富的画面效果。

Part 02 抠取图像中的小汽车

完成矢量背景图的绘制后，接下来我们要把图像中的小汽车抠取出来，使用"钢笔工具"沿汽车边缘绘制路径，将其转换为选区后复制出来，然后结合调整命令，调整照片色彩，使汽车颜色变得更明艳。

①绘制工作路径

为了表现画面的主次关系，由于背景主色为绿色，这些则选择互补的红色小汽车来表现，打开资源包中的素材 \11\01.jpg 素材，单击"钢笔工具"按钮 ✐，在选项栏中设置绘制模式为"路径"，然后运用"钢笔工具"沿画面中的汽车绘制路径。

②复制选区图像

按下快捷键 Ctrl+Enter，将路径转换为选区，按下快捷键 Ctrl+J，复制选区内的图像，得到"图层1"图层，再复制"图层1"图层，得到"图层1拷贝"图层，将此图层的混合模式设为"滤色"，提亮图像。

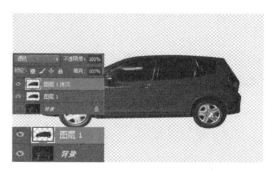

③用"曲线"提亮照片

单击"调整"面板中的"曲线"按钮 ，新建"曲线1"调整图层，打开"属性"面板，在面板中运用鼠标拖曳曲线，调整图像的亮度。

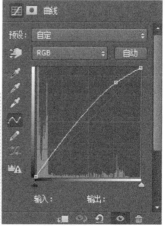

04 设置"色相 / 饱和度"

单击"调整"面板中的"色相 / 饱和度"按钮■，新建"色相 / 饱和度 1"调整图层，并在打开的"属性"面板中向左拖曳"饱和度"滑块，降低图像的颜色饱和度。

05 设置"曲线"提亮局部

单击"调整"面板中的"曲线"按钮■，新建"曲线 2"调整图层，并在"属性"面板中单击并向上拖曳曲线，提亮图像，然后用"渐变工具"编辑图层蒙版，控制曲线调整范围。

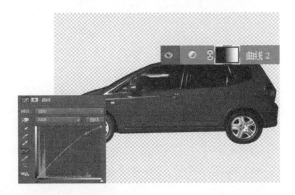

06 设置"减少杂色"滤镜

确认已隐藏"背景"图层，按下快捷键 Ctrl+Shift+Alt+E，盖印所有可见图层，执行"滤镜 > 杂色 > 减少杂色"菜单命令，设置"强度"为 8，"减少杂色"为 50，单击"确定"按钮，去除因提亮图像而出现的噪点。

Part 03 复制汽车并转换为绘画效果

抠出小汽车图像以后我们会把抠出的图像复制到绘制好的背景中，运用"滤镜库"滤镜为图像添加特效，把画面中的小汽车转换为绘画效果，再添加蒙版把多余的边缘部分隐藏。

01 复制汽车图像

新建"汽车"图层组，选择工具箱中的"移动工具"，把抠出的汽车图像复制到绘制好的背景中。

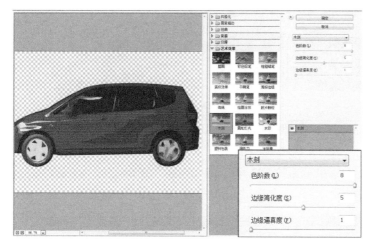

02 设置滤镜选项

　　添加到汽车后，发现位图汽车与矢量的背景显得不搭，为了让画面统一绘画效果，可以对汽车图像应用滤镜转换为绘画效果，执行"滤镜 > 滤镜库"菜单命令，在打开的话框中单击"木刻"滤镜，然后设置滤镜选项，设置好以后单击"确定"按钮，简化图像。

03 载入图层选区

　　简化图像后，接下来就是汽车颜色的调整，按下 Ctrl 键不放，单击"图层"面板中的"图层 1"图层缩览图，将此图层作为选区载入，选中画面中的汽车图像。

04 设置选择范围

　　载入选区后，为了使抠出的汽车更为干净，可以再把黑色的汽车边缘隐藏起来，执行"选择 > 色彩范围"菜单命令，打开"色彩范围"对话框，在对话框中单击黑色的汽车边缘，再将"颜色容差"调整为 200，调整选择范围。

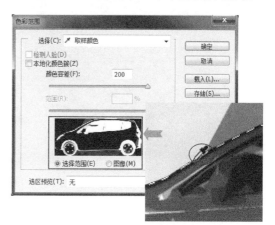

05 反相选择图像

　　勾选"色彩范围"对话框右侧的"反相"复选框，反相图像，然后单击"确定"按钮，根据选择范围将黑色的汽车边缘与玻璃添加到选区。

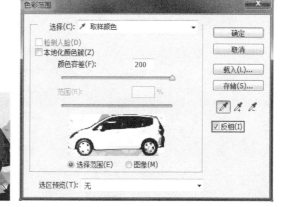

⓪6 添加图层蒙版

单击"图层"面板底部的"添加蒙版"按钮 🔲，为"图层 1"图层添加蒙版，显示红色的汽车车身部分，将选区内的汽车边缘与玻璃全部隐藏起来。

⓪7 用画笔涂抹图像

经过设置发现汽车看起来不完整，因此选择"画笔工具"，在"画笔预设"选取器面板中单击"硬边圆"画笔，设置前景色为白色，单击"图层 1"图层蒙版，运用画笔在车轮和车窗玻璃位置单击，显示隐藏的图像。

⓪8 编辑蒙版

按下键盘中的 [或] 键，调整画笔笔触大小，继续运用画笔工具编辑图层蒙版，把不需要隐藏的车轮和车窗玻璃部分重新显示出来，得到更加完整的小汽车图案。

⓪9 设置"色阶"调整图像

按下 Ctrl 键不放，单击"图层"面板中的"图层 1"图层缩览图，将此图层作为选区载入，选中画面中的汽车图像，为了使汽车颜色与背景颜色更协调，单击"调整"面板中的"色阶"按钮 🔳，在图像最上方新建"色阶 1"调整图层，打开"属性"面板，输入色阶值为 26、0.83、255，调整图层明暗使汽车的颜色变得更加明艳，增强汽车与绿色背景形成鲜明的对比。

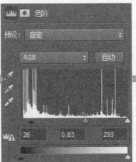

Part 04 **为合成的插画添加纹理质感**

为了使整个画面更有质感，在本小节中，将准确的纹理素材复制到合成的插画图案上，通过调整图层混合模式，将纹理叠加到图像中，增强了画面的表现力。

①复制图像

为了增强插画质感，需要再为其添加纹理，打开资源包中的素材 \11\02.jpg 纹理素材，选择"移动工具"，单击并拖曳打开的纹理图像，将其复制到汽车图像上，得到"图层 2"图层。

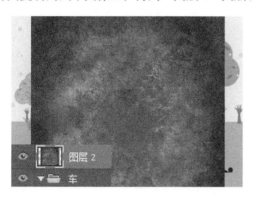

②顺时针旋转图像

选中"图层 2"图层，执行"编辑 > 变换 > 旋转 90 度（顺时针）"菜单命令，按顺时针方向旋转图像，使纹理填满整个图像。

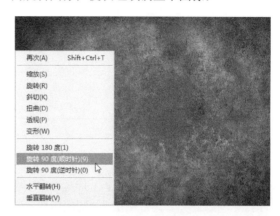

③执行"去色"命令

执行"图像 > 调整 > 去色"菜单命令，去掉图像颜色，将其转换为黑白效果。

④更改图层混合模式

选中"图层 2"图层，将此图层的混合模式更改为"柔光"，将设置的图案纹理叠加于图像上，此时可以看到增强了纹理后的图像看起来更有质感。

⑤复制图像更改混合模式

打开资源包中的素材 \11\03.jpg 背景素材，继续使用同样的方法，将纹理素材也复制到画面中并叠加于绘制好的图像上，进一步增强图像质感。

⑥ 绘制选区

叠加图案后，发现下半部分叠加的图案使得画面看起来显得零乱，因此单击工具箱中的"矩形选框工具"按钮 ⬚，选择"矩形选框工具"，在画面上半部分单击并拖曳鼠标，绘制矩形选区。

⑦ 羽化选区

执行"选择 > 修改 > 羽化"菜单命令，打开"羽化选区"对话框，在对话框中输入"羽化半径"为 30，单击"确定"按钮，羽化选区。

⑧ 添加图层蒙版

选中"图层 3"图层，单击"图层"面板底部的"添加蒙版"按钮 ▢，为"图层 3"图层添加蒙版，把选区内的图像隐藏起来，使得画面显得更干净。

⑨ 载入图层选区

隐藏叠加至下半部分的图像后，我们查看图像，发现汽车车身上还有叠加的图案，因此按下 Ctrl 键不放，单击"图层 1"图层缩览图，载入选区，选中画面中的红色小汽车。

⑩ 编辑图层蒙版

单击"图层 3"图层蒙版，设置前景色为黑色，按下快捷键 Alt+Delete，将蒙版填充为黑色，隐藏小汽车车身上面的纹理。

> **技巧提示：对所有图层取样**
> 在"污点修复画笔工具"选项栏中勾选"对所有图层取样"复选框后，可以从所有图层中取样进行图像的修复。

⑪创建矩形选区

选择"矩形选框工具",在选项栏中设置"羽化"值为 280 像素,运用此工具在画面中间单击并拖曳鼠标,绘制柔和的选区效果。

⑫反选选区

执行"选择 > 反向"菜单命令,或按下快捷键 Ctrl+Shift+I,反选选区,选中画面边缘区域的图像。

⑬设置曲线调整选区亮度

单击"调整"面板中的"曲线"按钮▨,新建"曲线 1"调整图层,在打开的"属性"面板中单击,添加一个曲线控制点,再向下拖曳该点,调整曲线形状,降低选区内的图像亮度。

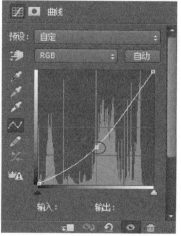

⑭添加文字

最后为了使画面显得更完整,可以在插画图案的左下角添加简单的文字,选择工具箱中的"横排文字工具",执行"窗口 > 字符"菜单命令,打开"字符"面板,在面板中对要输入的文字的字体、大小、间距等选项进行设置,然后在图像的左下角单击,输入对应的文字。

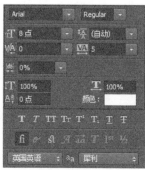

Chapter 12

传统媒体广告设计

尽管现在随着互联网的盛行，网络广告越来越多地进入到我们的生活，但是传统媒体广告的普及率也是非常高的。相对于网络广告，传统媒体广告因其受众接纳性高、易保存、表现形式多样等诸多优点使它与我们的日常生活紧密联系起来。它也有着独特的优势。传统媒体广告设计需要抓住不同传播媒体的特点，这样才能使设计出的作品更吸引人。

本章主要介绍制作一个传统的报纸广告的案例。读者通过学习可掌握传统媒体广告的设计流程与基本操作方法，学习熟练运用 Photoshop 独立完成传统媒体广告的设计。

【任务要求】

　　龙海地产以住宅开发和服务为主，一直致力于时尚高端生活社区的打造。位于新云路的龙海·别苑是近期开发的以酒店式公寓为主要户型，针对具有投资意见的都市青年人群。根据楼盘的品质特征制作报纸宣传广告，达到更好的商业销售目的。

　　1. 项目整体概念以"高尚生活品质"为核心理念，充分展示出"龙海·别苑"项目的品质特征；
　　2. 考虑企业的形象传播，兼顾企业标示等 VI 元素的应用效果。

【提出设想】

　　1. 购买精装小户型房源的主要消费群体是什么，这类消费群体的主要需求是什么？
　　2. 小房型的房子如何才能从设计中体现出时尚元素？
　　3. 通过什么样的表现方式可以展示楼盘的主要特色？
　　4. 用什么样的配色方案能够表现出高品质的"精"装效果？
　　5. 文字与图案采用什么样的组合方式能突出设计主题？

【思维导向图】

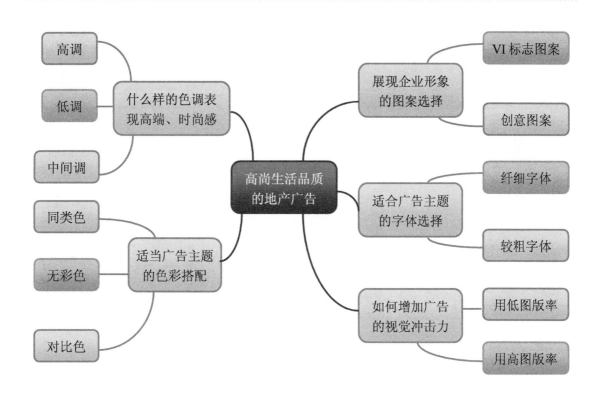

【效果展示】

【制作流程】

【关键知识点】

◆ 污点修复画笔工具修图
◆ 图层蒙版拼合图像
◆ "黑白"命令创建黑白效果
◆ "色彩平衡"命令调色
◆ "剪贴蒙版"隐藏图像

【实例文件】

素　材：
资源包 \ 素材 \12\01~04.jpg、05.psd
源文件：
资源包 \ 源文件 \12\ 传统媒体广告设计 .psd

【步骤解析】

Part 01 合成广告背景图像

图像是广告作品的灵魂。本小节将介绍广告背景图像的合成应用。先利用"污点修复画笔工具"修图，去掉画面瑕疵，再将天空图像与城市图像通过蒙版拼合，然后对明暗、色彩进行调整，完成背景图像的制作。

⓵新建并复制图像

启动Photoshop CC应用程序，执行"文件 > 新建"菜单命令，设置文档选项，新建文件，打开资源包中的素材 \12\01.jpg 素材图像，将打开的图像复制到新建文档中，得到"图层 1"图层。

⓶去除污点修复图像

复制"图层 1"图层，选择"图层 1 拷贝"图层，单击"污点修复画笔工具"按钮，运用鼠标在画面中的污点位置涂抹，经过连续的涂抹操作，去除图像上明显的污点区域。

> **技巧提示：对所有图层取样**
>
> 在"污点修复画笔工具"选项栏中勾选"对所有图层取样"复选框后，可以从所有图层中取样进行图像的修复。

⓷设置并锐化图像

按下组合键 Ctrl+J，复制图层，执行"滤镜 > 锐化 > USM 锐化"菜单命令，打开"USM 锐化"对话框，在对话框中设置选项，单击"确定"按钮，锐化图像。

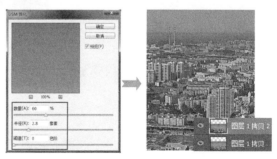

⓸创建柔和选区

选择工具箱中的"矩形选框工具"，在天空与地面相交的位置单击并拖曳鼠标，绘制矩形选区，执行"选择 > 修改 > 羽化"菜单命令，打开"羽化选区"对话框，设置"羽化半径"为200，单击"确定"按钮，羽化选区。

⑤用滤镜去除杂色

执行"滤镜 > 杂色 > 减少杂色"菜单命令，打开"减少杂色"对话框，在对话框中设置选项，单击"确定"按钮，去除天空中的噪点。

⑥调整色相 / 饱和度

创建"色相 / 饱和度 1"调整图层，在打开的"属性"面板中输入"饱和度"为 +52，选择"蓝色"，输入"色相"为 +2，"饱和度"为 +25。

⑦复制图像

打开资源包中的素材 \12\02.jpg 素材，选择"移动工具"，把打开的图像拖曳至城市背景图像上方，得到"图层 2"图层，根据画面需要调整复制的图像大小。

⑧添加图层蒙版

为"图层 2"添加图层蒙版，设置前景色为黑色，单击"渐变工具"按钮，在选项栏中选择"前景色到透明渐变"，从图像下方往上拖曳渐变，隐藏图像。

⑨调整色相 / 饱和度

按下 Ctrl 键不放，单击"图层 2"蒙版缩览图，将蒙版载入到选区，再按组合键 Ctrl+I 反选选区，然后按下组合键 Ctrl+I，再次反选，创建"色相 / 饱和度 2"调整图层，调整"蓝色"色相。

⑩编辑渐变

新建"图层 3"图层，将此图层填充为黑色，选择"渐变工具"，单击"径向渐变"按钮，从图像中间向外拖曳渐变，隐藏图像，加深边缘区域。

⑪绘制图形添加描边

新建"石头"图层组，选择"钢笔工具"，选择"形状"工作模式，在图像左上角绘制三角形路径，单击选项栏上"设置填充类型"选项右侧的三角形按钮，展开填充类型面板，单击面板中的"渐变"按钮为图形填充渐变颜色，执行"图层 > 图层样式 > 描边"菜单命令，打开"图层样式"对话框，在对话框中设置"描边"选项，设置后单击"确定"按钮，应用样式。

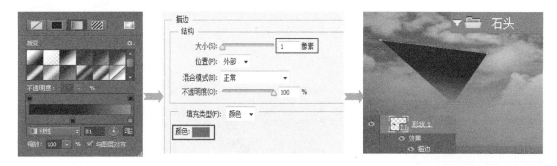

⑫更改混合模式融合对象

打开资源包中的素材 \12\03.jpg 岩石纹理素材，将其复制到三角形对象上，得到"图层 4"图层，选择"图层 4"图层，设置图层混合模式为"点光"，"不透明度"为 41%，为图形叠加纹理。

⑬创建剪贴蒙版拼合图像

选中"图层 4"图层，执行"图层 > 创建剪贴蒙版"菜单命令，创建剪贴蒙版效果，将三角形外的纹理对象隐藏起来，继续使用同样的方法，绘制更多的三角形图案，组合成岩石效果。

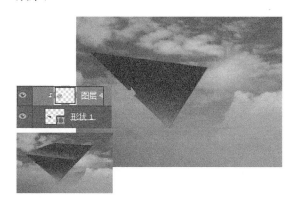

⑭绘制选区

选择"钢笔工具"，在三角形左侧绘制一个封闭的工作路径，按下组合键 Ctrl+Enter，将绘制的路径转换为选区。

⑮填充渐变颜色

新建"图层 5"图层，设置前景色为白色，选择"渐变工具"，再选择"前景色到透明渐变"，输入"不透明度"为 90%，在选区内拖曳进行渐变颜色的填充。

⑯用滤镜模糊图像

选择"图层 5"图层，设置"不透明度"为 50%，执行"滤镜 > 模糊 > 高斯模糊"菜单命令，打开"高斯模糊"对话框，输入"半径"为 2.0 像素，模糊图像。

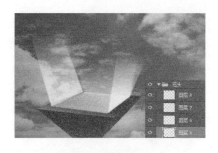

⑰绘制更多图形

继续使用同样的方法，在图像上进行渐变图案的绘制，得到发散的光线效果。

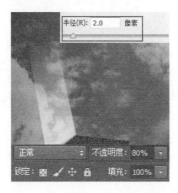

> **技巧提示：模糊图像**
>
> 用"高斯模糊"滤镜模糊图像时，设置的"半径"值越大，图像越模糊。

⑱设置"斜面和浮雕"样式

选择"横排文字工具"，在"字符"面板中设置文字属性，输入文字，然后对文字进行栅格化处理后，应用"变换"编辑框，调整文字透视效果，执行"图层 > 图层样式 > 斜面和浮雕"菜单命令，打开"图层样式"对话框，设置"斜面和浮雕"选项，为文字添加立体效果。

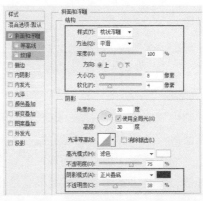

⑲载入选区调整色阶

按下 Ctrl 键不放，单击 City 图层，将此图层中的文字载入到选区，新建"色阶 1"调整图层，在打开的"属性"面板中输入色阶值为 133、1.00、255，根据输入数值，降低阴影部分的亮度。

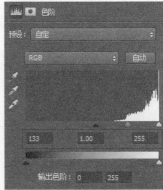

⑳编辑图层蒙版

创建"颜色填充 1"调整图层，设置填充色为黑色，选择"颜色填充 1"调整图层，将"不透明度"更改为 92%，单击图层蒙版，选择"渐变工具"，从下方往上拖曳渐变，调整色彩填充范围。

㉑复制图层更改蒙版

复制"颜色填充 1"调整图层，得到"颜色填充 1 拷贝"图层，单击"颜色填充 1 拷贝"图层蒙版，用"渐变工具"重新编辑色彩调整范围。

㉒创建柔和的选区

选择"矩形选框工具"，绘制矩形选区，执行"选择 > 修改 > 羽化"菜单命令，打开"羽化选区"对话框，设置"羽化半径"为 200，单击"确定"按钮，羽化选区。

㉓调整曲线提亮图像

单击"调整"面板中的"曲线"按钮，新建"曲线 1"调整图层，打开"属性"面板，在面板中单击并向上拖曳曲线，提高选区内的图像的亮度。

㉔创建黑白效果

单击"调整"面板中的"黑白"按钮，新建"黑白 1"调整图层，将图层转换为黑白效果。

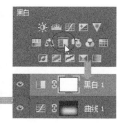

㉕设置颜色填充丰富色彩

创建"颜色填充2"调整图层，打开"拾色器（纯色）"对话框，设置填充色为R111、G97、B88，在"图层"面板中选中"颜色填充2"调整图层，将该图层的混合模式设置为"颜色"，"不透明度"为45%。

㉗用预设色阶调整明暗

创建"色阶3"调整图层，打开"属性"面板，在面板中单击"预设"下拉按钮，在展开的列表中选择"增加对比度2"选项，应用选项调整图像，增强对比。

㉖调整色阶增强对比

单击"调整"面板中的"色阶"按钮，创建"色阶2"调整图层，打开的"属性"面板，在面板中设置色阶值为26、0.85、199，根据设置的色阶值，调整图像的明暗，加强对比效果。

㉘编辑"色阶"蒙版

设置前景色为黑色，选择"渐变工具"，在选项栏中选择"前景色到透明渐变"，单击"色阶3"图层蒙版，运用渐变工具拖曳渐变，隐藏上半部分色阶调整。

㉙创建并反选选区

选择"矩形选框工具"，在选项栏中设置羽化值为210像素，在图像中间单击并拖曳鼠标，绘制选区，执行"选择>反向"菜单命令，反选选区。

㉚用"曲线"调整边缘亮度

新建"曲线2"调整图层，打开"属性"面板，在面板中运用鼠标在曲线上添加多个曲线控制点，然后分别拖曳曲线控制点位置，更改调整曲线形状，调整边缘区域的图像明暗度。

㉛设置"色彩平衡"润色

创建"色彩平衡1"调整图层，在打开的"属性"面板中分别对"高光"和"阴影"颜色进行设置，平衡色彩，按下组合键Ctrl+Shift+Alt+E，盖印图层，得到"图层9"图层。

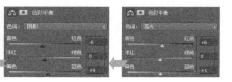

Part 02 组成版面完成广告制作

前面讲解了广告图案的制作，接下来就是广告中的辅助元素的添加。将合成的广告图案移动到新的背景中，创建剪贴蒙版将多余部分隐藏起来，结合文字工具和绘图工具在页面中添加上合适的文字和图案。

⓪①绘制图形

打开资源包中的素材 \02\04.jpg 背景素材，单击工具箱中的"钢笔工具"按钮，在展开的工具选项栏中单击"填充"选项右侧的倒三角形按钮，展开填充选项面板，在面板中单击"渐变"按钮，依次设置渐变颜色为R81、G54、B39 至R133、G95、B74，选择渐变类型为"径向"，设置后单击"描边"选项右侧的倒三角按钮，将描边颜色设置为白色，并输入描边粗细值为6.69，运用"钢笔工具"在画面中连续单击，绘制多边形图形。

⓶复制图像

切换至盖印的广告背景图像上，执行"编辑 > 全选"菜单命令，选择图像，单击"移动工具"按钮，把选区内的图像拖曳至有边框的背景上，得到"图层 1"图层。

⓷创建剪贴蒙版

在"图层"面板中选中"图层 1"图层，执行"图层 > 创建剪贴蒙版"菜单命令，将"形状 1"和"图层 1"图层创建为剪贴组，将超出"形状 1"图形外的建筑图像隐藏。

⓸复制图像创建剪贴蒙版

设置前景色为 R66、G42、B20，用"矩形工具"在图像左下角的位置绘制一个矩形，打开资源包中的素材 \12\04.jpg 皮纹素材，将打开的素材图像复制到矩形上，得到"图层 3"图层，将此图层的混合模式设置为"柔光"，执行"图层 > 创建剪贴蒙版"菜单命令，创建剪贴蒙版。

⓹载入选区调整亮度

选择"图层 3"图层，设置混合模式为"柔光"，按下 Ctrl 键不放，单击"图层 3"图层，载入选区，创建"曲线"调整图层，调整选区亮度。

⓺绘制自定义图形

选择"自定形状工具"，打开"形状"拾色器，单击"叶形装饰 1"形状，设置前景色为 R252、G214、B141，在画面中绘制图形。

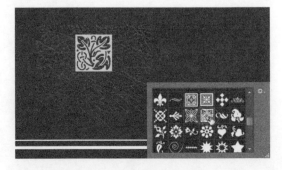

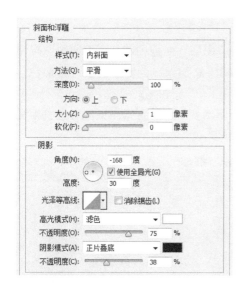

07设置"斜面和浮雕"样式

执行"图层 > 图层样式 > 斜面和浮雕"菜单命令，打开"图层样式"对话框，在对话框中选择"斜面和浮雕"样式，选择"内斜面"样式，设置"深度"为100，"大小"为1，"角度"为−168，阴影"不透明度"为38。

技巧提示：复制图层样式

Photoshop 中可以在不同的同层之间进行样式的复制。方法是右击图层下方要复制的图层样式，在弹出的快捷菜单中执行"拷贝图层样式"菜单命令，然后在要添加相同样式的图层上右键单击，在弹出的快捷菜单中执行"粘贴图层样式"命令即可。

08 设置"渐变叠加"样式

单击"图层样式"对话框中的"渐变叠加"样式，单击"渐变"选项右侧的渐变条，打开"渐变编辑器"对话框，在对话框中依次设置渐变颜色为R242、G230、B191，R246、G234、B194，R164、G121、B17，R204、G182、B92，R239、G226、B172，设置后单击"确定"按钮，返回"图层样式"对话框，勾选"反向"复选框，其他参数不变。

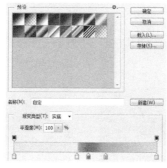

09 设置"投影"样式

单击"图层样式"对话框中的"投影"样式，设置投影"不透明度"为100，"角度"为−168，"距离"为5，"扩展"为3，"大小"为9，设置后单击"确定"按钮，为绘制的花纹图案应用样式效果。

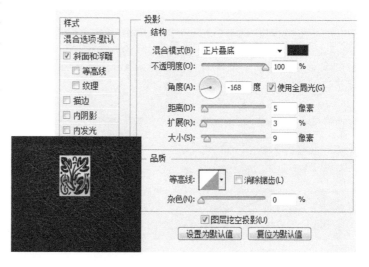

❿绘制白条线条

选择工具箱中的"直线工具"，在选项栏中设置绘制模式为"形状"，填充颜色为白色，"粗细"为2像素，设置后在画面下方按下 Shift 键的同时单击并拖曳鼠标，绘制白色线条。

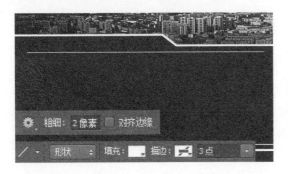

⓫添加图层蒙版

单击"图层"面板中的"添加蒙版"按钮，为图层添加蒙版，设置前景色为黑色，单击"渐变工具"按钮，在选项栏中选择"前景色到透明渐变"，从直线左侧向右拖曳渐变效果。

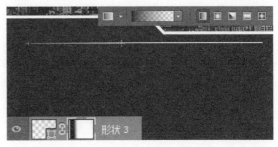

⓬复制直线

按下组合键 Ctrl+J，复制"形状3"图层，得到"形状3拷贝"图层，执行"编辑>变换>水平翻转"菜单命令，将水平翻转线条，然后运用"移动工具"向右拖曳复制的线条，调整其位置。

⓭绘制直线

选择"直线工具"，在画面中再绘制一条稍长一些的直线，得到"形状4"图层，为此图层添加蒙版，单击"渐变工具"按钮，选择"前景色到透明渐变"，单击"对称渐变"按钮，勾选"反向"复选框，从线条中间位置向右拖曳渐变，调整图像显示效果。

⓮绘制自定义图形

设置前景色为白色，单击"自定形状工具"按钮，在显示的工具选项栏中单击"形状"右侧的倒三角形按钮，打开"形状"拾色器面板，在面板中单击"装饰5"形状，在白色的线条中间位置单击并拖曳鼠标，绘制装饰图案。

⓯调整文字属性输入文字

选择"横排文字工具",打开"字符"面板,在面板中设置字体为"方正大标宋简体",字体大小为34点,文本颜色为R135、G175、B35,然后在画面中的波纹图像上方单击,输入楼盘名"龙海.别苑"。

⓰设置"投影"样式

双击"图层"面板中的文字图层,打开"图层样式"对话框,单击对话框中的"投影"样式,设置投影"不透明度"为59,"角度"为-168,"距离"为1,"扩展"为0,"大小"为1。

⓱设置"渐变叠加"样式

单击"图层样式"对话框中的"渐变叠加"样式,在对话框中单击渐变条,打开"渐变编辑器"对话框,在对话框中调整渐变颜色后,单击"确定"按钮,返回"图层样式"对话框,在对话框中设置选项,单击"确定"按钮,应用样式。

⓲添加文字和图形

结合"横排文字工具"和图形绘制工具继续在图像中绘制更多图形,并输入有关的楼盘信息。

⓳添加线路图

将资源包中的素材 /12/05.psd 线路素材图像打开,选用"移动工具"将其拖曳至广告右下角位置,完成广告的设置。

Chapter 13

商业海报设计

海报是一种信息传递的艺术，也被称为招贴画。海报常用于文艺演出、展览会、节庆日、竞赛游戏等。海报设计必须具有较强的号召力和艺术感染力，应当做到使人一目了然，其主题应该明确显然，结合色彩、构图、形式等因素形成强烈的视觉效果，引发观者的情感共鸣，这样才能让海报起到最佳的宣传效果。

本章将通过制作一个户外探险活动宣传海报，让读者熟悉海报设计的流程与基本操作方法，学习熟练运用 Photoshop 完成简单或复杂的海报设计。

像更逼真、通道、蒙版在合成图像的应用方法。

【任务要求】

　　户外探险无论是在国内还是在国外都是非常普及、流行的。本任务要求为某户外探险俱乐部设计一个活动宣传、推广海报。该户外探险俱乐部主要从事户外旅游探险、南北极科考旅游探险、国内国外经典户外旅游活动线路，以及房车露营、夏令营、徒步旅行、攀岩、探洞等户外活动。针对本次活动的主题户外徒步旅行，呼吁人们积极响应"徒旅"这种健康的休闲生活方式。

　　1. 主题突出，内容新颖，布局合理，大众喜欢；

　　2. 直观的海报视觉，吸引大众的眼球，希望能够渲染出户外徒步旅行的视觉效果，鼓励大家踊跃参与；

　　3. 使受众意识到身体健康的重要性，并且身体力行。

【提出设想】

　　1. 在设计过程中，怎样造型能够让画面显得更新颖？

　　2. 什么样的图片更适合于户外徒步旅行这一设计主题的表现？

　　3. 选用什么样的纯度配色方式可以使海报表现出复古气息？

　　4. 如何使设计出来的海报看起来更有质感？

【思维导向图】

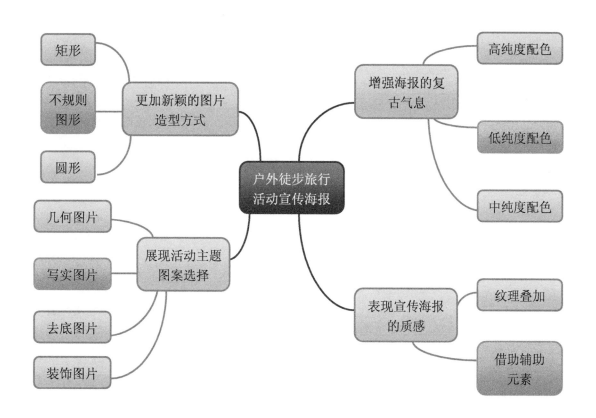

【效果展示】

【制作流程】

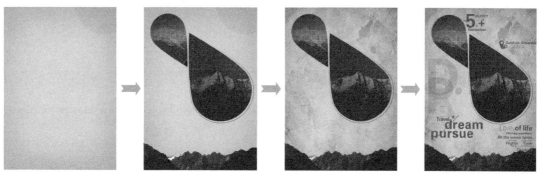

【关键知识点】

◆ 用"快速选择工具"选取图像
◆ 用"自定形状工具"绘制创意图形
◆ 设置剪贴蒙版显示 / 隐藏图像
◆ 创建纯色填充变换图像颜色

【实例文件】

素 材：
资源包 \ 素材 \13\01~06.jpg
源文件：
资源包 \ 源文件 \13\ 商业海报设计 .psd

【步骤解析】

Part 01 设置海报背景图

在设计海报时，首先就是背景图像处理，在这里我们运用矩形工具和椭圆工具绘制背景图层，然后把照片中的雪山及雪山下的草地图像复制出来添加到画面下，调整图像颜色合成简单的海报图像。

①绘制矩形并填充渐变颜色

执行"文件 > 新建"菜单命令，新建文件，选择"矩形工具"，单击选项栏中的"填充"右侧的倒三角形按钮，在展开的面板中单击"渐变"按钮，设置渐变色为 R223、G210、B193，R222、G201、B184，沿图像边缘单击并拖曳鼠标，绘制渐变矩形。

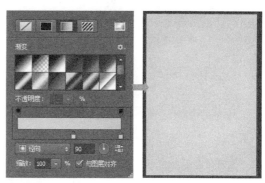

②绘制选区选择图像

选择"矩形选框工具"，在选项栏中设置"羽化"值为 240 像素，沿图像边缘单击并拖曳鼠标，绘制矩形选区，执行"选择 > 反向"菜单命令，反选选区，选取图像边缘部分。

03设置"曲线"

单击"调整"面板中的"曲线"按钮,新建"曲线1"调整图层,打开"属性"面板,在面板中单击曲线,添加曲线控制点,再向下拖曳该点。

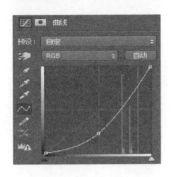

04绘制圆形

选择"椭圆工具",在选项中设置渐变色为R223、G210、B193,R222、G201、B184, 在画面右上角绘制椭圆,选中"椭圆1"图层,绘制后适当调整图层混合模式。

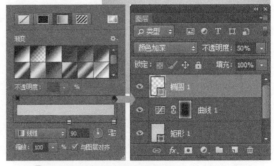

05选择雪山及草地图像

为了体现户外徒步旅行的主题思想,接下来可以在背景添加与户外活动相关的写实类照片,打开资源包中的素材\13\01.jpg素材图像,选择"快速选择工具",单击选项栏中的"添加到选区"按钮，设置画笔笔触大小为13,在下半部分的雪山和草地位置单击,创建选区。

06复制图像添加到图层组

复制选区内的雪山图像,把选择的雪山抠出,然后把抠出的图像复制到我们要制作的海报页面最下方,得到"图层1"图层,新建"雪山1"图层组,把"图层1"图层拖入"雪山1"图层组中。

07调整雪山图像的亮度

添加雪山后,发现图像亮度太高了,因此按下Ctrl键不放,单击"图层1"图层缩览图,载入选区,新建"曲线2"图层,打开"属性"面板,并在面板中单击并向下拖曳曲线,降低选区内的雪山的亮度。

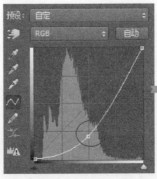

⓼调整选区图像的色彩饱和度

为了增强海报的复古气息，可以降低雪山图像的颜色饱和度，通过载入雪山选区，新建"色相/饱和度1"调整图层，在"属性"面板中勾选"着色"复选框，设置"色相"为46，"饱和度"为25，设置后把雪山转换为单色调效果，得到低纯度的雪山图案。

⓽设置颜色填充图像

按下 Ctrl 键不放，单击"色相/饱和度1"图层蒙版，载入选区，单击"图层"面板底部的"创建新的填充或调整图层"按钮，在弹出的菜单中单击"纯色"命令，打开"拾色器（纯色）"对话框，在对话框中设置颜色为 R86、G74、B48，单击"确定"按钮，新建"颜色填充1"调整图层，选中"颜色填充1"调整图层，将图层混合模式设置为"颜色减淡"。

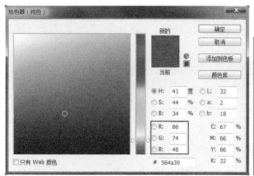

⓾用画笔编辑图层蒙版

填充颜色后，发现雪山两侧的颜色不太自然，因此，设置前景色为黑色，单击工具箱中的"画笔工具"按钮，选择"柔边圆"画笔，设置"不透明度"为35%，运用画笔在两侧不需要叠加颜色的位置涂抹，隐藏填充颜色。

⓫选择预设曲线快速调整

按下 Ctrl 键不放，单击"色相/饱和度1"图层蒙版，载入选区，在图像最上方新建"曲线3"调整图层，打开"属性"面板，在面板中单击并向下拖曳曲线，进一步调整图像，降低选区内的图像亮度，增强画面的颜色对比。

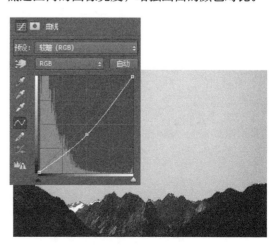

Part 02 **向画面添加更多雪山图像**

在完成背景的简单设置后，接下来为了让海报内容变得更加丰富，使用"自定形状工具"在画面中绘制两个雨滴形状的图形，然后把更多雪景图像复制到图形上方，创建剪贴蒙版拼合图像，再分别对图像的颜色进行设置，统一画面颜色。

①绘制自定图形

为了使海报版面更加新颖，可以在画面中绘制个性化的图形，选择"自定形状工具"，单击选项栏中的形状旁边的倒三角形按钮，展开"自定形状"拾色器，在拾色器中单击"雨滴"形状，然后新建"雪山 2"图层组，运用"自定形状工具"绘制雨滴图形。

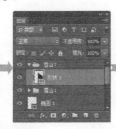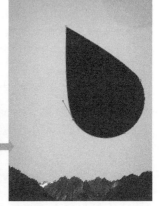

②去除填充颜色

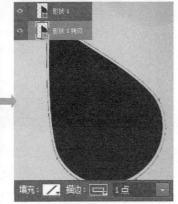

按下快捷键 Ctrl+J，复制雨滴图形，得到"形状 1 拷贝"图层，将此图层移至"形状 1"图层下方，按下快捷键 Ctrl+T，等比例缩放图形，在选项栏中单击填充选项右侧的倒三角形按钮，在展开的面板中单击"无"，设置描边粗细为 1 点，为绘制的图形设置描边效果。

③设置描边选项添加描边效果

单击"描边"选项右侧的倒三角形按钮，在展开的面板中单击"纯色"选项，单击右侧的"拾色器"图层，打开"拾色器（描边颜色）"对话框，在对话框中设置填充色为 RGB，单击"确定"按钮，更改图形的描边颜色。

⓸用"渐变工具"编辑图层蒙版

为"形状1拷贝"图层添加图层蒙版，选择"渐变工具"，设置前景色为黑色，背景色为白色，选取"前景色到背景色渐变"，单击"线性渐变"按钮 ，从图像左上角向右下角拖曳渐变，得到渐隐的图形效果。

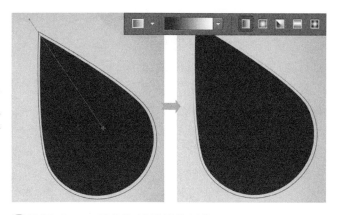

⓹复制图像

绘制好图形后，接下来就要把准确的与活动相关的照片置入到图形中，执行"文件 > 置入"菜单命令，把打开的资源包中的素材 \13\02.jpg 素材图像置入到新建文件中，按下快捷键 Ctrl+T，调整图像至合适大小。

⓺设置"USM 锐化"滤镜锐化图像

为了使雪山更为清晰，执行"滤镜 > 锐化 >USM 锐化"菜单命令，打开"USM 锐化"对话框，在对话框中设置"数量"为 60，"半径"为 3.0，单击"确定"按钮，锐化图像，执行"图层 > 创建剪贴蒙版"菜单，创建剪贴蒙版，隐藏多余的雪山图像。

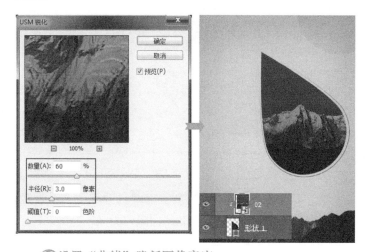

⓻载入图层选区

按下 Ctrl 键不放，单击"图层"面板中的"形状1"图层缩览图，载入选区。

⓼设置"曲线"降低图像亮度

载入选区以后，为了增强雪山图像的明显对比，单击"调整"面板中的"曲线"按钮 ，新建"曲线4"调整图层，打开"属性"面板，在面板中单击曲线，添加一个曲线控制点，再向下拖曳该点，降低选区内的图像亮度。

⑨创建柔和选区

按下 Ctrl 键不放，单击"图层"面板中的"曲线 2"图层蒙版，载入蒙版选区，新建"色相 / 饱和度 2"调整图层，在"属性"面板中选择"蓝色"，输入"色相"为 –38，"饱和度"为 +22，使蓝色变为青色，增强雪山图案的复古感。

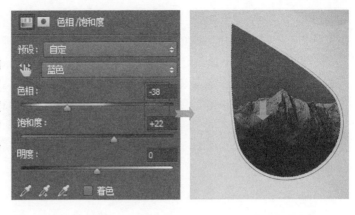

⑩设置"颜色填充"调整图层

按下 Ctrl 键不放，单击"图层"面板中的"色相 / 饱和度 2"图层蒙版，载入蒙版选区，单击"图层"面板底部的"创建新的填充或调整图层"按钮 ，在弹出的菜单中单击"纯色"命令，打开"拾色器（纯色）"对话框，在对话框中输入颜色为 R0、G26、B51，单击"确定"按钮，新建"颜色填充 2"调整图层，将此图层的混合模式设置为"柔光"。

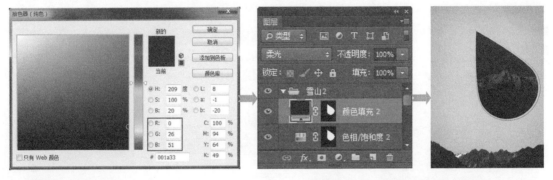

⑪载入图形选区

为了进一步增强对比，需要再对颜色进行调整，按下 Ctrl 键不放，单击"图层"面板中的"颜色填充 2"图层蒙版，载入蒙版选区，选择雨滴形状的雪山图像。

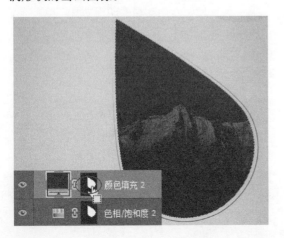

⑫选用"渐变工具"填充渐变

设置前景色为黑色，背景色为白色，选择"渐变工具"，在选项栏中选择"前景色到背景色渐变"，单击"颜色填充 2"图层蒙版，从图像右下角往左上角拖曳渐变，隐藏一部分填充色。

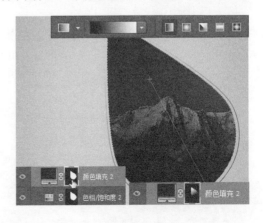

⑬用"魔棒工具"选择图像

单击工具箱中的"魔棒工具"按钮 ，设置"容差"值为20，将鼠标移至较暗的雪山图像上单击，创建选区，选择图像。

⑭设置颜色填充选区

新建"颜色填充3"调整图层，打开"拾色器（纯色）"对话框，输入颜色为R4、G25、B44，设置后单击对话框右上角的"确定"按钮，应用设置的颜色填充选区。

⑮载入并反向选择图像

按下Ctrl键不放，单击"图层"面板中的"色相/饱和度2"图层蒙版，载入选区，执行"选择>反向"菜单命令，反选选区，选中除雨滴图形外的所有图像。

⑯编辑图层蒙版

单击"颜色填充3"图层蒙版，设置前景色为黑色，按下快捷键Alt+Delete，将选区内的图像全部填充为黑色，此时可看到雨滴图形外的部分填充颜色被隐藏起来。

⑰更改图层混合模式

在"图层"面板中选中"颜色填充3"调整图层，将此图层的混合模式设置为"变亮"，"不透明度"为76%，混合图像，使图形下方的山峰颜色与天空颜色更协调。

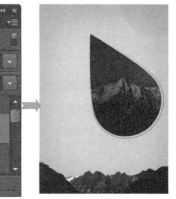

⑱创建单行选框工具

为了表现错位的画面感，选择"单行选框工具"，单击选项栏中的"添加到选区"按钮▣，在画面中连续单击，创建多行选区效果。

⑲创建单列选框工具

选择工具箱中的"单列选框工具"，单击选项栏中的"添加到选区"按钮▣，在画面中连续单击，创建多列选区效果。

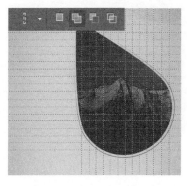

⑳扩展选区效果

执行"选择 > 修改 > 扩展"菜单命令，打开"扩展选区"对话框，在对话框中输入"扩展量"为 1，单击"确定"按钮，扩展选区。

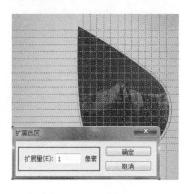

㉑为选区填充颜色

单击"创建新图层"按钮，新建"图层 2"图层，设置前景色为白色，按下快捷键 Alt+Delete，将选区填充为白色，此时页面中可以看到更多并排的线条效果。

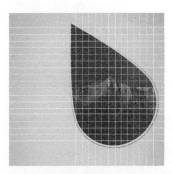

㉒复制图层蒙版

绘制线条后，为了让线条与雪山拼接到一起，按下 Alt 键不放，单击"图层"面板中的"色相/饱和度 2"图层蒙版，将其拖曳至"图层 2"图层上，释放鼠标，复制图层蒙版，将超出雪山的线条隐藏。

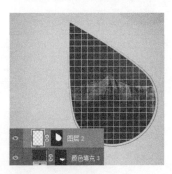

㉓设置图层混合模式

隐藏部分线条后，发现线条太亮，抢了主题，因此在"图层"面板中选中"图层 2"图层，将此图层的混合模式更改为"柔光"，"不透明度"为 50%，降低不透明度效果，让线条叠加至山峰上面。

㉔创建新图层填充颜色

单击工具箱中的"设置前景色"按钮，打开"拾色器（前景色）"对话框，输入前景色为 R240、G5、B5，单击"确定"按钮，新建"图层 3"图层，按下快捷键 Alt+Delete，填充前景色。

㉕设置"彩色半调"滤镜编辑图像

执行"滤镜>像素化>彩色半调"菜单命令，打开"彩色半调"滤镜对话框，在对话框中设置"最大半径"为100，网角分别为40、40、72、200，设置后单击"确定"按钮，应用滤镜效果。

㉖根据"色彩范围"选择图像

执行"选择>色彩范围"菜单命令，打开"色彩范围"对话框，运用"吸管工具"在黑色圆形上单击取样图像，调整选择范围，再把"颜色容差"设置为200，设置后单击"确定"按钮，创建选区，选中画面中所有的黑色圆形。

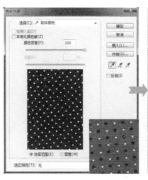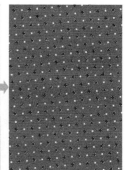

㉗载入选区调整色阶

隐藏"图层3"图层，在"图层3"图层下方新建"图层4"图层，设置前景色为白色，按下快捷键Alt+Delete，将选区填充为白色。

㉘载入选区调整色阶

选中"图层4"图层，设置图层混合模式为"柔光"，叠加图像，按下快捷键Ctrl+T，打开自由变换编辑框，按下Shift键不放，单击并拖曳编辑框，对图像进行等比例的缩放操作。

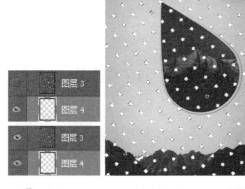

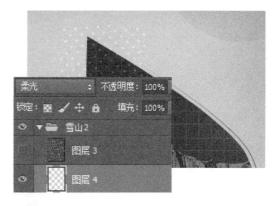

㉙用"画笔工具"编辑蒙版

为"图层4"图层添加图层蒙版，单击"画笔工具"按钮，在选项栏中选择"硬边圆"画笔，设置"不透明度"和"流量"为100%，在雨滴图形外的白色圆形位置单击，将超出图形的白色小圆隐藏起来。

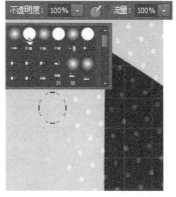

㉚绘制图形

为了呈现错位的画面感，新建"雪山3"图层组，进行另一个雪山图像的添加，添加图像前先选用"自定形状工具"继续在画面中绘制一个黑色的雨滴图形。

㉛复制图像

接下来需要在绘制的图形中叠加写实的雪景照片，执行"文件 > 置入"菜单命令，把打开的资源包中的素材\13\03.jpg 素材图像置入到新建文件中。

㉜设置滤镜锐化图像

为了使雪山上面的纹理变得更清晰，执行"滤镜 > 锐化 >USM 锐化"菜单命令，在打开的对话框中设置"数量"为60，"半径"为3.0，单击"确定"按钮，锐化图像。

㉝创建剪贴蒙版

选中 03 图层，执行"图层 > 创建剪贴蒙版"菜单命令，创建剪贴蒙版，将超出雨滴外的雪景图像隐藏。

㉞载入选区选择图像

按下 Ctrl 键不放，单击"形状 2"图层缩览图，将此图层作为选区载入，从而选中图形中的雪山图像。

㉟设置"色阶"

载入选区后，在图像最上方新建"色阶 1"调整图层，打开"属性"面板，在面板中输入色阶值为 9、1.58、212，调整选区内的雪山亮度。

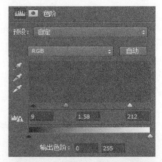

㊱设置"色相 / 饱和度"调整选区颜色

添加雪山图像后，发现新添加的雪山图像颜色与前面添加的雪山颜色反差较大，为了统一色彩，需要再对新添加的雪山的颜色做调整，按下 Ctrl 键不放，单击"色阶 3"图层蒙版，载入选区，新建"色相 / 饱和度 3"调整图层，并在"属性"面板中选择"蓝色"，输入"色相"为 -38，"饱和度"为 +22，调整颜色。

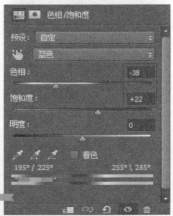

㊲设置颜色填充图像

按下 Ctrl 键不放，单击"色相 / 饱和度 3"图层蒙版，载入选区，单击"图层"面板底部的"创建新的填充或调整图层"按钮 ，在弹出的菜单中单击"纯色"命令，打开"拾色器（纯色）"对话框，在对话框中输入颜色为 R0、G26、B51，单击"确定"按钮，新建"颜色填充 4"调整图层，将此图层的混合模式设置为"正片叠底"，为图像叠加青色。

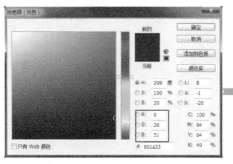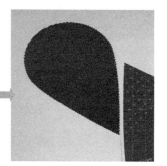

㊳用"渐变工具"编辑蒙版

按下 Ctrl 键不放，单击"色相 / 饱和度 3"图层蒙版，载入选区，选择"渐变工具"，在选项栏中选择"前景色到背景色渐变"，单击"颜色填充 4"图层蒙版，从图像右下角往左上角拖曳渐变，隐藏一部分渐变填充色。

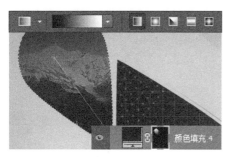

㊴复制图层调整蒙版

复制"雪山 2"图层组中的"图层 4"图层，创建"图层 4 拷贝"图层，将"图层 4 拷贝"图层复制到"雪山 3"图层组中，运用"画笔工具"编辑图层蒙版，调整显示的图像范围。

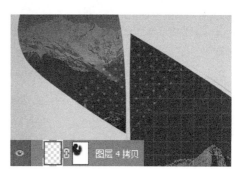

㊵创建单行和单列选区

接下来需要在新添加的雪山图像上也绘制相同的白色线条图案，结合"单行选框工具"和"单列选框工具"，在画面中连续单击，创建选区。

㊶扩展选区

执行"选择 > 修改 > 扩展"菜单命令，打开"扩展选区"对话框，在对话框中输入"扩展量"为1，单击"确定"按钮，扩展选区。

㊷为选区填充颜色

单击"创建新图层"按钮 ，新建"图层 5"图层，设置前景色为白色，按下快捷键 Alt+Delete，将选区填充为白色。

㊳复制图层蒙版

为"图层 5"添加图层蒙版，按下 Alt 键不放单击并拖曳"色相 / 饱和度 3"图层右侧的蒙版缩览图，将其拖曳至"图层 5"图层上，复制蒙版，隐藏线条，然后将"图层 5"图层的混合模式设置为"叠加"，"不透明度"为 50%。

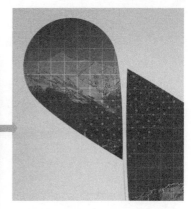

Part 03 在图像上叠加纹理表现复古气息

前面进行了海报主图的制作，下面的小节中将会把纹理素材复制到画面中，通过调整图像的颜色，并更改其图层混合模式，将纹理叠加到一起。

①复制图像

经过前面的处理，完成了宣传海报的设计，为了表现海报的质感，可以再进行纹理的添加，打开资源包中的素材 \13\04.jpg 素材图像，在新建"纹理"图层组，把打开的图像复制到新建的"纹理"图层组中。

②更改混合模式

添加图像后，为了使添加的纹理与下方的图像融合，在"图层"面板中选中"图层 6"图层，设置图层混合模式为"变暗"，"不透明度"为 50%，混合图像。

③载入选区

为"图层 6"图层添加图层蒙版，按下 Ctrl 键不放，单击"形状 1"图层缩览图，载入选区，单击"图层 6"蒙版缩览图，将选区填充为黑色。

④载入选区填充颜色

按下 Ctrl 键不放，单击"形状 2"图层缩览图，载入选区，设置前景色为黑色，单击"图层 6"图层蒙版，按下快捷键 Alt+Delete，将蒙版填充为黑色，隐藏图像。

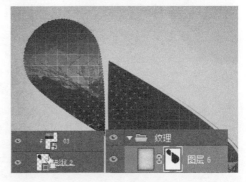

⑤执行菜单命令去除颜色

添加单个纹理素材，发现纹理质感并不是很强，可以再添加更多纹理素材，打开资源包中的素材 \13\05.jpg 素材图像，将打开的图像复制到"纹理"图层组，得到"图层 7"图层，执行"图像 > 调整 > 去色"菜单命令，去除颜色，转换为黑白效果。

⑥复制图层蒙版

按 下 Alt 键不放，单击"图层 6"图层右侧的蒙版缩览图，将其拖曳至"图层 7"图层上方，释放鼠标，复制蒙版，然后再调整"图层 7"图层的混合模式。

⑦添加纹理图案

打开资源包中的素材 \13\06.jpg 素材图像，使用同样的方法，把打开的图像复制到"纹理"图层组，去除颜色添加上蒙版效果。

⑧反向选择图像

按下 Ctrl 键不放，单击"图层 8"图层缩览图，载入选区，执行"选择 > 反向"菜单命令，反选选区，选中画面中的部分图像。

⑨用"色彩平衡"调整颜色

单击"调整"面板中的"色彩平衡"按钮，新建"色彩平衡 1"调整图层，在"属性"面板中输入颜色值为 +14、-2、-19。

⑩设置"色相/饱和度"

单击"调整"面板中的"色相/饱和度"按钮，新建"色相/饱和度 4"调整图层，在"属性"面板中将全图"饱和度"设置为 -33，降低饱和度效果。

⑪设置"曲线"降低选区亮度

选择"椭圆选框工具",在选项栏中设置"羽化"值为 200 像素,在画面中单击位置单击并拖曳鼠标,绘制选区,创建"曲线 4"调整图层,调整选区内的图像亮度。

⑫载入蒙版选区

按下 Ctrl 键不放,单击"色彩平衡 1"图层蒙版,将蒙版作为选区载入,执行"选择 > 反向"菜单命令,或按下快捷键 Ctrl+Shift+I,反选选区。

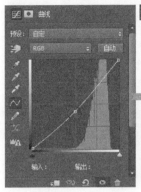

⑬为选区填充颜色

单击"曲线 4"图层蒙版,设置前景色为黑色,按下快捷键 Alt+Delete,将选区填充为黑色,隐藏选区内的雪山调整效果,还原雪山图像的亮度。

⑭绘制直线

设置前景色为 R90、G74、B49,选择"直线工具",在选项栏中设置"粗细"值为 1 像素,在画面中单击并拖曳鼠标,绘制一条直线效果。

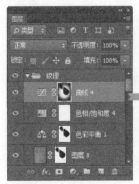

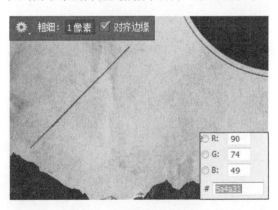

⑮创建复合形状

设置前景色为 R90、G74、B49,选用"自定形状工具"再绘制一个较小的水滴图案,选择"椭圆工具",单击选项栏中的"路径操作"按钮█,在展开的面板中单击"排除重叠区域"选项,在水滴图形中间单击并拖曳绘制图形,创建镂空的图形效果。

⑯设置滤镜模糊图像

按下快捷键 Ctrl+J，复制"形状 4"图层，得到"形状 4 拷贝"图层，执行"滤镜 > 模糊 > 高斯模糊"菜单命令，在打开的对话框中输入"半径"为 4.0，单击"确定"按钮，模糊图像，然后调整图像的大小和位置，得到投影效果。

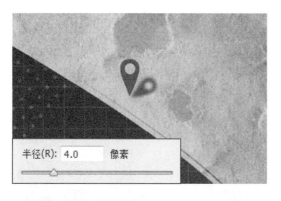

⑰绘制圆形

设置前景色为 R185、G189、B175，选择"椭圆工具"，按下 Shift 键不放，在画面中单击并拖曳鼠标，绘制正圆图形，在"图层"面板中选中"椭圆 2"图层，将此图层的混合模式设置为"正片叠底"，"不透明度"为 50%。

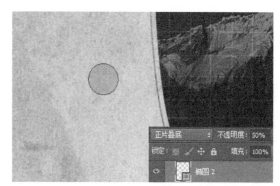

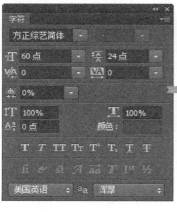

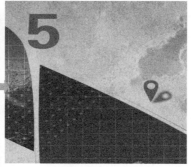

⑱设置选项输入文字

选择"横排文字工具"，执行"窗口 > 字符"菜单命令，打开"字符"面板，在面板中对文字字体、字号、颜色进行设置，然后在画面上单击并输入数字 5。

⑲更改选项输入文字

打开"字符"面板，更改文字大小和间距等，然后在画面中单击，输入文字，继续使用同样的方法，结合"字符"面板和"横排文字工具"在页面中添加与主题相关的文字，完成海报版面的设计。

Chapter 14

电子商务作为一种新型的交易方式，使人们不再受到地域的限制，客户能够以非常便捷的方式完成商品的购买。在电商领域，广告成为了一种新的商业模式，一个好的商品广告，不但可以提高商品的单击率，还能激发人们的购买欲望，从而达到促进商品销售的目的。电商广告的设计需要充分将商品的特点与价值表现出来，才能更好地促进产品销售。

本章通过一个典型的设计实例，让读者熟悉网页设计的流程与基本操作方法，学习熟练运用 Photoshop 完成个性化的网站主页设计。

【任务要求】

作为一家针对都市女性的服饰品牌,将国际一些流行元素引入到服饰之中,为顾客提供最新潮、最时尚的的各类服饰,本章将为该品牌的秋季新品女装制作一个网店主页轮播广告。画面要与该品牌服饰的特点更突出地表现出来,以吸引更多的消费者点击并浏览。

1. 广告要符合女性的审美观,画面应用简洁、大方、大气,结合该品牌服饰的特点与消费群体;

2. 广告的设计应构思精巧,简洁明快,色彩协调,健康向上,有独特的创意,易读、易懂、易识别,有强烈的视觉冲击力和直观的整体美感。

【提出设想】

1. 针对女性消费群体的女装广告,我们用什么样的色调更为适合?
2. 如何使版面变得更加灵活,更具有时尚感?
3. 采用什么样的图文比既能突出广告主题,又能激发买家的阅读兴趣?
4. 电商广告中的文字是选用粗体字好还是细体字好?
5. 如何突出广告中文字的易读性?

【思维导向图】

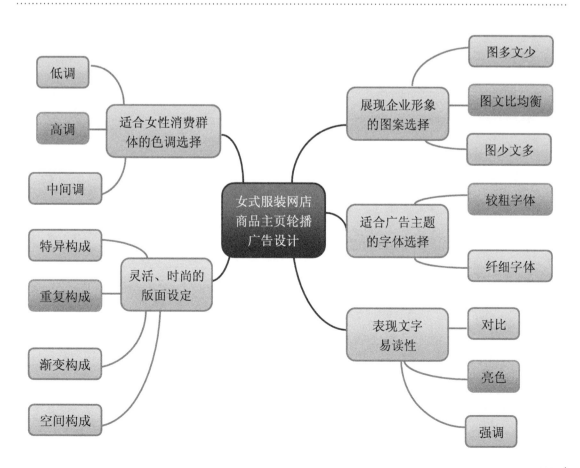

【效果展示】

【制作流程】

【关键知识点】

◆ 使用"变换"命令调整图像

◆ 运用图层蒙版合成图像

◆ 利用"纯色"命令填充更改服饰色彩

◆ 设置图层样式丰富效果

【实例文件】

素　材：

资源包 \ 素材 \14\01~03.jpg

源文件：

资源包 \ 源文件 \14\ 电商广告设计 .psd

【步骤解析】

Part 01 设计广告背景图像

商品促销广告的制作，需要贴合商品本身的特质进行创造性的设计，本小节中选用"矩形工具"绘制出矩形图案，再复制图像添加至绘制的矩形上方，运用"钢笔工具"在画面中绘制不同形状的几何图形，得到新的广告背景图。

①新建绘制矩形

针对女性消费群体，我们先要确定广告的主调，为了突出女性自然甜美特点，本实例选择以高调方式表现，先执行"文件 > 新建"菜单命令，打开"新建"对话框，在对话框中设置新建文件选项，单击"确定"按钮，新建文件，设置前景色为R248、G244、B215，选用"矩形工具"绘制淡黄色的矩形。

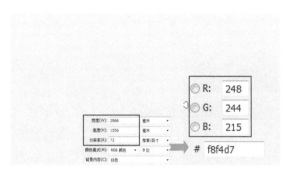

②设置渐变颜色

双击"矩形1"图层，打开"图层样式"对话框，单击"渐变叠加"样式，在展开的选项中单击右侧的渐变条，打开"渐变编辑器"对话框，在对话框中设置渐变颜色为RGB，单击"确定"按钮，返回"图层样式"对话框。

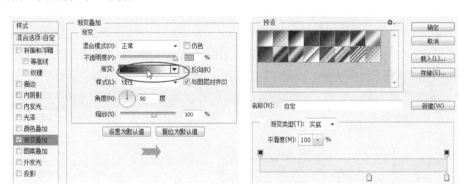

③应用图层样式

选择渐变样式为"径向"，渐变"角度"为90度，"缩放"为150，设置后单击"确定"按钮，应用样式，更改矩形颜色，设置后单击"确定"按钮，叠加渐变颜色，使高调图像呈现层次感。

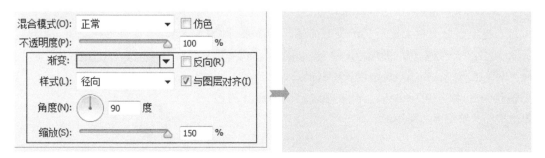

04 复制图像

为了让单一的背景变得更丰富，接下来再为图像添加梦幻的花海背景，打开资源包中的素材 \14\01.jpg 素材图像，把打开的图像复制到"矩形 1"图层上方，得到"图层 2"图层。

05 水平翻转图像

在"图层"面板中选中"图层 2"图层，执行"编辑 > 变换 > 水平翻转"菜单命令，水平翻转图像。

06 设置"高斯模糊"滤镜模糊图像

执行"滤镜 > 模糊 > 高斯模糊"菜单命令，打开"高斯模糊"对话框，在对话框中输入"半径"为 5.0，单击"确定"按钮，模糊图像，然后将"图层 2"图层的"不透明度"设置为 76%。

07 设置"色彩平衡"调整背影颜色

模糊图像后，由于颜色显得更鲜艳了，可以适合降低画面中的红色，单击"调整"面板中的"色彩平衡"按钮，新建"色彩平衡 1"调整图层，打开"属性"面板，在面板中选择默认的"中间调"色调，输入颜色值为 –75、0、+21，加强青色和蓝色，设置后应用"色彩平衡"调整图像颜色，设置后呈现高调的背景效果。

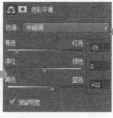

08 设置选绘制图形

为了使版面显得更为灵活又不失时尚感，接下来可以在页面中再绘制一些彩色的图形，新建"多彩图形"图层组，选择"钢笔工具"，在选项栏中设置绘制模式为"形状"，填充颜色为 R242、G97、B156，设置好以后在画面右侧连续单击鼠标，绘制多边形图形。

⑨设置选项绘制图形

完成第一个图形的绘制，为了丰富画面，还需要绘制更多的图形，单击工具箱中的"钢笔工具"，在选项栏中设置绘制模式为"形状"，填充颜色为R186、G34、B98，设置好以后继续在画面右侧连续单击鼠标，绘制图形。

⑩绘制图形

使用同样的操作方法，在画面中绘制更多的多边形图形，组合具有动感的渐变线条效果。

⑪绘制多边形图形

选择"钢笔工具"，在选项栏中设置绘制模式为"形状"，填充颜色为R75、G206、B250，在背景中间连续单击绘制蓝色图形。

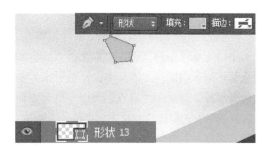

⑫设置"内阴影"样式

执行"图层>图层样式>内阴影"菜单命令，打开"图层样式"对话框，在对话框中选中"内阴影"样式，设置阴影"不透明度"为37，"角度"为0，"距离"为1，"大小"为1，单击"确定"按钮，添加内阴影样式。

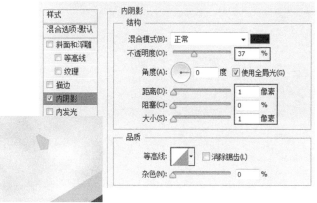

⑬绘制更多图形

继续使用同样的方法，在画面中绘制出更多不同颜色、形状的图形，利用重复的图形叠加，得到更丰富的背景效果。

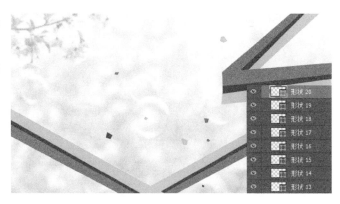

Part 02 把人物图像添加到背景图像中

对于商品促销广告来讲，被销售的商品是广告的主题。前面的小节绘制了新的背景图像，由于本实例是为某品牌女装制作的促销广告，因此在下面的小节中将会把穿着服装的模特复制到背景图像中，然后添加图层蒙版，把多余的图像隐藏起来，突出广告作品的表现主题。

❶ 创建图层组复制图像

经过前面的设置，完成了背景的编辑，下面需要添加与主题一致的女装，执行"文件 > 置入"菜单命令，把资源包中的素材 \14\02.jpg 素材图像置入到背景图像上，得到 02 图层，按下快捷键 Ctrl+T，打开自由变换编辑框，单击并拖曳编辑框内的图像，调整其大小和角度。

❷ 选择画面中的人物

单击工具箱中的"磁性套索工具"按钮，将鼠标移到人物图像上方，单击鼠标后沿人物图像拖曳鼠标，自动添加锚点，当拖曳的终点与起点重合时，双击鼠标，创建选区，选中人物部分。

❸ 添加蒙版

单击"图层"面板中的"添加蒙版"按钮，为 01 图层添加图层蒙版，隐藏原来的背景图像。

❹ 根据"色彩范围"选择图像

为了使抠出的头发边缘更精细，选择工具箱中的"吸管工具"，在人物发丝旁边的背景图像上单击，取样图像，再执行"选择 > 色彩范围"菜单命令，打开"色彩范围"对话框，在对话框中将"颜色容差"值设置为最大，单击"确定"按钮，根据选择范围创建选区，选择发丝部分。

⑤运用画笔涂抹

选择"画笔工具"，单击"画笔预设"选取器中的"柔边圆"画笔，设置"不透明度"为50%，单击01图层右侧的蒙版，在人物的发丝边缘涂抹，涂抹后发现位于头发边缘的背景图像被隐藏。

⑥涂抹图像抠出完整的发丝效果

按下键盘中的[或]键，调整画笔笔触大小，反复在头发边缘涂抹，将发丝边缘多余的背景隐藏起来，抠出更加精细的发丝效果，此时可以看到人物的发丝与背景更自然地拼合到一起。

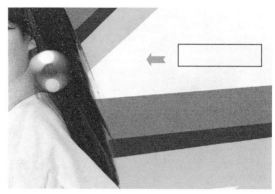

⑦调整蒙版显示范围

由于人物边缘还有一些未抠取干净的图像，因此再选择"画笔工具"，单击"画笔预设"选取器中的"硬边圆"画笔，设置"不透明度"为100%，单击01图层右侧的蒙版，在人物旁边的衣服边缘位置单击，调整蒙版，将边缘的原背景图像隐藏，得到更为干净的画面效果。

⑧载入选入并复制选区内的图像

按下Ctrl键不放，单击01图层蒙版，载入选区，选中人物图像，单击01图层缩览图，按下快捷键Ctrl+J，复制选区内的图像，得到"图层3"图层。

⑨水平翻转复制的图像

选中"图层3"图层，执行"编辑>变换>水平翻转"菜单命令，水平翻转图像，然后向右移动翻转后的人物图像。

⑩调整图层顺序

选中"图层3"图层，执行"图层 > 排列 > 后移一层"菜单命令，将"图层3"图层移至01图层下方。

⑪载入选区

按下 Ctrl 键不放，单击"图层3"图层缩览图，将此图层作为选区载入，选中图层中的人物图像。

⑫执行"纯色"命令

单击"图层"面板中的"创建新的填充或调整图层"按钮，在弹出的菜单中单击"纯色"命令。

⑬设置颜色填充图像

为了表现该款衣服不同的颜色特点，接下来可以对颜色进行更改，打开"拾色器（纯色）"对话框，在对话框中设置填充色为 R1、G226、B152，单击"确定"按钮，创建"颜色填充1"调整图层，填充颜色。

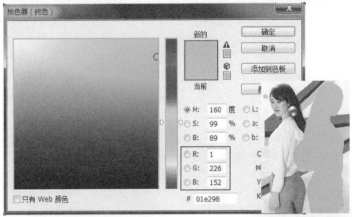

⑭更改图层混合模式

在"图层"面板中选中"颜色填充1"调整图层，将此图层的混合模式更改为"色相"，选择"画笔工具"，设置前景色为黑色，在人物的皮肤及衣服位置涂抹，隐藏填充色，只保留裤子部分的填充颜色。

⑮复制图像

执行"文件 > 置入"菜单命令，把资源包中的素材 \14\03.jpg 素材图像置入到画面中，得到02图层组，按下快捷键 Ctrl+T，打开自由变换编辑框，调整图像的角度和大小后，按下 Enter 键，应用变换效果。

⑯应用"磁性套索工具"选到图像

添加新的人物后，我们要把人物旁边多余的背景去掉，选择"磁性套索工具"，将鼠标移到人物图像上方，单击鼠标后沿人物图像拖曳鼠标，自动添加锚点，当拖曳的终点与起点重合时，双击鼠标，创建选区，选中人物部分。

⑰添加图层蒙版

这里我们要把选区外的背景隐藏，因此选中 02 图层，单击"图层"面板中的"添加蒙版"按钮 ▣ ，为 01 图层添加图层蒙版，隐藏图像。

⑱编辑图层蒙版

选择"画笔工具"，在"画笔预设"选取器中单击"硬边圆"画笔，设置前景色为黑色后，在衣服旁边的蓝色背景位置单击，隐藏图像。

⑲编辑图层蒙版

将前景色更改为白色，选用画笔工具在人物头上的头发位置单击，将隐藏的头发区域重新显示出来。

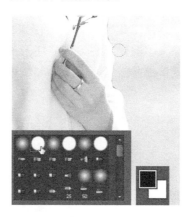

⑳使用画笔编辑蒙版

在"画笔预设"选取器中单击"柔边圆"画笔，设置"不透明度"为 26%，调整画笔大小，单击 01 图层右侧的蒙版，在人物脸部右侧的背景上涂抹，将涂抹隐藏的图像隐藏起来。

㉑用"套索工具"选择图像

为了让人物旁边未隐藏的背景与下方底纹融合，选择工具箱中的"套索工具"，在选项栏中输入"羽化"值为 4 像素，在人物脸部旁边位置单击并拖曳鼠标，绘制选区，选择图像。

㉒调整中间调和阴影颜色

选择图像后，开始调整颜色，单击"调整"面板中的"色彩平衡"按钮 ，新建"色彩平衡1"调整图层，打开"属性"面板，在面板中选择"中间调"色调，输入颜色值为 –33、0、–36，选择"阴影"色调，输入颜色值为 –19、0、+13，应用设置的"色彩平衡"调整选区内的图像颜色，使得图像中的红色变得更淡。

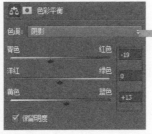

㉓使用"套索工具"选择图像

观察图像，发现人物头发上面的花朵显得不自然，因此需要将它隐藏起来，选择工具箱中的"套索工具"，在选项栏中输入"羽化"值为 4 像素，在人物上的头发位置单击并拖曳鼠标，绘制选区，选择图像。

㉔复制选区内的图像

单击 02 图层，按下快捷键 Ctrl+J，复制选区内的图像，得到"图层 4"图层，将此图层移至"色彩平衡 1"图层上方，再适当调整图像大小和位置。

㉕编辑图层蒙版

选择"图层 4"图层，单击"图层"面板底部的"添加蒙版"按钮 ，为"图层 4"图层添加蒙版，选择"画笔工具"，设置前景色为黑色，运用画笔编辑图层蒙版，把多余的部分头发隐藏，遮盖下方的花朵图案。

㉖设置滤镜锐化头发

执行"滤镜 > 锐化 >USM 锐化"菜单命令，打开"USM 锐化"对话框，在对话框中输入"数量"为 50，"半径"为 4.8，单击"确定"按钮，锐化图像。

㉗复制选区内的图像

按下 Ctrl 键不放，单击"图层 4"图层蒙版，将图层蒙版作为选区载入，再单击"图层 4"图层缩览图，按下快捷键 Ctrl+J，复制选区内的图像，得到"图层 5"图层。

㉘载入选区

单击"图层 5"图层前的"指示图层可见性"按钮 👁，隐藏"图层 5"图层，按下 Ctrl 键不放，单击"图层 5"图层缩览图，将此图层作为选区载入。

㉙设置"色彩平衡"调整头发颜色

单击"调整"面板中的"色彩平衡"按钮 ⚖，新建"色彩平衡 2"调整图层，并在"属性"面板中选择"中间调"选项，输入颜色值为 +15、0、-5，调整选区内的头发颜色，此时可以看到头发的颜色更加统一。

㉚载入"发丝"画笔

为了让头发显得更为浓密，可以再进行头发的绘制，选择"画笔工具"，单击画笔笔触大小右侧的倒三角形按钮，打开"画笔预设"选取器，单击"画笔预设"选取器右侧的扩展按钮，在弹出的菜单中单击"载入画笔"命令，打开"载入"对话框，单击对话框中的"发丝"，单击"载入"按钮，载入画笔。

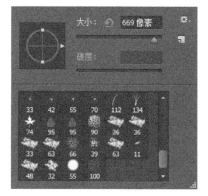

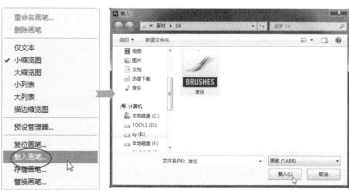

㉛选择画笔设置选项

在"画笔预设"选取器中选择上一步载入的发丝画笔，执行"窗口 > 画笔"菜单命令，打开"画笔"面板，在面板中设置画笔"大小"为370像素，勾选"翻转 X"复选框，调整画笔笔尖形状。

㉜运用画笔绘制头发

将前景色设置为R76、G61、B113，单击"图层"面板中的"创建新图层"按钮 ，新建"图层 6"图层，在人物的头发上方单击，绘制纤细的发丝效果。

㉝添加蒙版隐藏图像

选择"图层 6"图层，单击"图层"面板底部的"添加蒙版"按钮 ，添加蒙版，运用黑色画笔在多余的发丝位置涂抹，隐藏图像，使绘制的发丝融入到画面中，再把"图层 6"图层的"不透明度"降为50%。

Part 03 **在图像中输入商品促销信息**

在电商广告中，醒目的商品促销信息更能在第一时间让顾客获得更多的有用信息，在下面的小节中，我们运用"横排文字工具"在画面中输入文字，然后使用 Photoshop 中的"图层样式"对话框中的样式为文字指定相应的样式效果，使画面中的文字更加突出，从而增强广告的表现力和感染力。

①设置"字符"选项输入文字

选择"横排文字工具"，执行"窗口 > 字符"菜单命令，打开"字符"面板，为了吸引消费者注意，我们可以将主题文字字体选择为较粗的Impact字体，字号为401.93点，并把字体颜色选择鲜艳的红色，设置颜色为R249、G22、B38，设置后在画面中单击输入数字5。

⓬ 设置"斜面和浮雕"样式

输入文字后，为了使文字表现出立体感，可以进行图层样式的添加，执行"图层 > 图层样式 > 斜面和浮雕"菜单命令，打开"图层样式"对话框，在对话框中对设置样式选项，为文字添加斜面和浮雕样式。

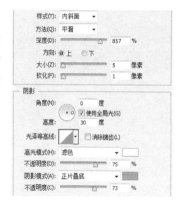

⓭ 设置"内阴影"样式

使用"横排文字工具"在页面中再输入文字"春之物语，相约在一起遇见最美的自己"，然后双击对应的文字图层，打开"图层样式"对话框，在对话框中单击"内阴影"样式，设置内阴影选项，设置后单击"确定"按钮，为文字添加内阴影效果，最后运用"横排文字工具"继续在画面中添加更多文案信息，完成广告的设计。

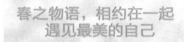

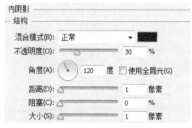

Chapter 15

移动 UI 界面设计

一个好的 UI 界面设计不仅能充分体现程序的功能性，还能带给人更为舒适的使用感受。因此在做 UI 界面设计时，需要讲究界面整体的美观性，根据使用者的实际需求来安排界面中的各个元素，更要与它的功能、特点相结合，使设计出的 UI 界面获得更多使用者的认可。

本章通过制作一个在线旅游类 UI 界面设计，让读者熟悉移动 UI 界面设计的流程与基本操作方法，学习熟练运用 Photoshop 完成不同类别的移动 UI 界面设计。

【任务要求】

随着借助智能终端旅行的人群逐步增长，各类细分市场的旅游 UI 界面也在迅猛增强，如线路预订、咨询提供、旅游点评、行程规则、定制服务等。针对现下热门的在线旅游制作一个国内旅游分享类 UI 界面设计，包括主页、跳转页面，其版面风格要做到统一、美观，获得更多的消费者认可。

1. 根据 UI 界面的用途和功能，用简约大方的手法重点体现，设置效果要求新颖美观，能体现目前在线旅游的特色；

2. UI 界面的设计表现主题要一目了然，适当应用一些具象的形状来表现，更多地体现界面的实用性。

【提出设想】

1. 采用什么样的图文比例能够向使用者迅速、直观、准确地传达更多有用的信息？
2. 哪些构成形式适合于旅游 UI 界面风格？
3. 使用什么样的配色文字能够使页面布局简单明了？
4. 什么样的视觉导向更适用于在线旅游 UI 界面？

【思维导向图】

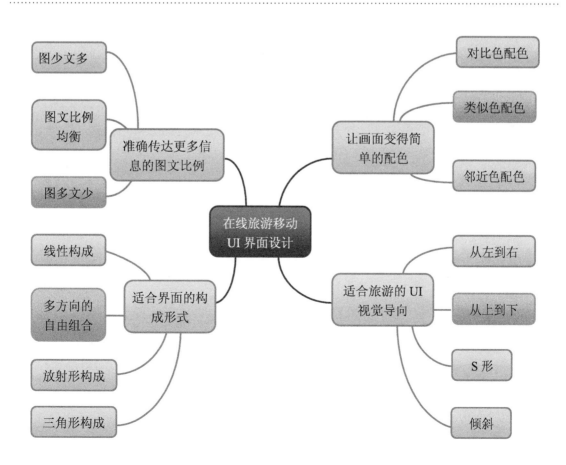

【效果展示】

【制作流程】

【关键知识点】

◆ 使用"曲线"命令更改颜色
◆ 使用"色彩平衡"命令平衡照片色彩
◆ 使用"钢笔工具"绘制图形
◆ 使用"自定形状工具"绘制界面小图标
◆ 使用"椭圆工具"绘制小圆
◆ 使用剪贴蒙版拼合图像

【实例文件】

素 材：
资源包 \ 素材 \15\01~06.jpg
源文件：
资源包 \ 源文件 \15\ 移动 UI 界面设计 .psd

【步骤解析】

Part 01 **绘制 UI 界面背景**

在制作移动 UI 界面之前，首先需要创建一个简单的背景，用于展开制作的 UI 界面效果，通过创建新图层填充颜色，然后为绘制的图形设置"图案叠加"样式，制作带纹的背景图像。

01 新建文件填充颜色

执行"文件 > 新建"菜单命令，在打开的"新建"对话框中设置选项，新建文件，设置颜色为 R221、G213、B206，新建"图层 1"图层，按下快捷键 Alt+Delete，为图层填充颜色。

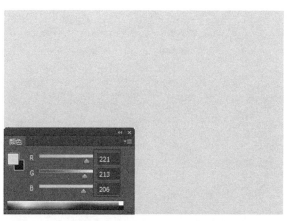

02 设置"图案叠加"样式

为了使绘制的背景图案变得更丰富可以在背景上叠加图层，双击"图层 1"图层，打开"图层样式"对话框，在对话框中单击"图案叠加"样式，设置"不透明度"为 25，选择如左图所示的图案，"缩放"为45，设置后单击"确定"按钮，应用图案叠加效果。

Part 02 **设置 UI 界面 1**

制作好背景图像后，接下来我们就要开始进入 UI 跳转页面的设计，运用工具箱中的"矩形工具""椭圆工具"等绘图工具先绘制出界面布局，然后把相应的素材图像复制到图形上方，添加图层蒙版，拼合图像。

01 绘制白色矩形

根据 UI 界面的最终用途，确定适合旅游UI 的视觉导向，新建"界面 1"图层组，用"矩形工具"在画面中单击并拖曳鼠标，绘制一个竖向的白色矩形。

02 设置"投影"样式

执行"图层 > 图层样式 > 投影"命令，打开"图层样式"对话框，在对话框中输入投影"不透明度"为 20，"角度"为 119，"距离"为 11，"大小"为 10，设置后单击"确定"按钮。

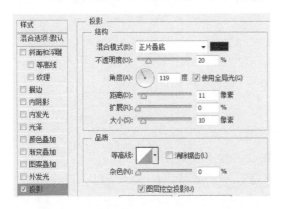

04 打开并复制图像

为了达到更好的视觉效果，我们选择从上到下的方式安排界面内容，打开资源包中的素材 \15\01.jpg 素材图像，将打开的图像复制到圆角矩形上方，得到"图层 1"图层，执行"图层 > 创建剪贴蒙版"菜单命令，创建剪贴蒙版，隐藏图像。

06 载入选区

按下 Ctrl 键不放，单击"圆角矩形 1"图层缩览图，将图层作为选区载入，选择画面中的圆角图形效果。

03 绘制圆角矩形

应用"投影"样式，绘制了界面边框后，接下来首先要向界面中添加内容，新建"内容"图层组，选择"圆角矩形工具"，在选项栏中设置"半径"为 6 像素，在白色矩形项部单击并拖曳鼠标，绘制圆角矩形效果。

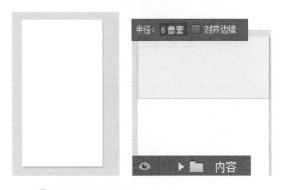

05 创建剪贴蒙版

在"图层"面板中选中"图层 1"图层，执行"图层 > 创建剪贴蒙版"菜单命令，创建剪贴蒙版，隐藏图像。

07 设置"曲线"

在"图层 1"图层上方新建"曲线 1"调整图层，打开"属性"面板，选择"蓝"通道，运用鼠标拖曳曲线，调整图像颜色。

⑧载入选区填充颜色

按下 Ctrl 键不放，单击"圆角矩形 1"图层缩览图，将图层作为选区载入，单击"图层"面板中的"创建新图层"按钮🔲，在"曲线 2"图层上方新建"图层 2"图层，将此图层填充为黑色。

⑨编辑图层蒙版

设置前景色为黑色，为"图层 2"图层添加图层蒙版，单击"渐变工具"按钮🔳，选择"从前景色到透明渐变"，单击"图层 2"图层蒙版，从图像上方往下拖曳渐变，隐藏填充颜色，然后调整图像的不透明度。

⑩绘制黑色圆形

选择工具箱中的"椭圆工具"，在选项栏中设置绘制模式为"形状"，填充颜色为黑色，描边颜色为白色，描边粗细为 1 点，在画面中绘制正圆图形。

⑪打开并复制图像

资源包中的素材 \15\02.jpg 素材图像，将打开的图像复制到椭圆图形上方，得到"图层 3"图层，按下快捷键 Ctrl+T，打开自由变换编辑框，调整图像的大小。

⑫创建剪贴蒙版

选中"图层 3"图层，执行"图层 > 创建剪贴蒙版"菜单命令，创建剪贴蒙版，拼合图像，将椭圆外的人物图像隐藏起来。

⑬绘制自定义图形

选择"自定形状工具"，在"形状"拾色器中单击"雨滴"形状，然后在人物图像旁边单击并拖曳鼠标，绘制图形。

⑭ 创建复合形状

选择"椭圆工具"，单击选项栏中的"路径操作"按钮，在展开的面板中单击"排除重叠形状"选项。

⑮ 创建复合形状

按下 Shift 键不放，在雨滴图形中间单击并拖曳鼠标，绘制图形，创建复合形状，继续使用同样的方法，在画面中绘制时间图形。

⑯ 绘制圆角矩形

完成主页首图的编辑后，根据选择的视觉导向，再新建"图 02"图层组，选择"圆角矩形工具"，在选项栏中设置选项后，在设置好的山景图片下方再绘制一个圆角矩形。

⑰ 设置"投影"样式

执行"图层 > 图层样式 > 投影"命令，打开"图层样式"对话框，在对话框中输入投影"不透明度"为 15，"角度"为 90，"距离"为 4，取消"使用全局光"复选框的已勾选状态，单击"确定"按钮，应用投影效果。

技巧提示：删除图层样式

为图像添加图层样式后，如果对样式不满意，可以将其删除，删除方法是单击图层下方的样式名，将其拖曳至"删除图层"按钮，释放鼠标即可。

⑱ 复制图形调整外形

选中"圆角矩形 2"图层，按下快捷键 Ctrl+J，复制图层，得到"圆角矩形 2 拷贝"图层，运用路径编辑工具调整矩形的大小和边角，收缩矩形图案。

⑲复制图像

打开资源包中的素材 \15\03.jpg 素材图像，将打开的图像复制到"圆角矩形 2 拷贝"图层上方，得到"图层 4"图层。

⑳创建剪贴蒙版

添加图像后，我们需要把多余的图像隐藏起来，在"图层"面板中单击"图层 4"图层，将此图层选中，执行"图层 > 创建剪贴蒙版"菜单命令，创建剪贴蒙版，将超出矩形的图像隐藏。

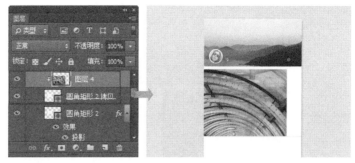

㉑载入选区调整色阶

按下 Ctrl 键不放，单击"圆角矩形 2 拷贝"图层，将此图层载入到选区，新建"色阶 1"调整图层，在打开的"属性"面板中选择"增加对比度 3"选项，增强对比效果。

㉒设置"色彩平衡"

按下 Ctrl 键不放，单击"色阶 1"图层蒙版，载入选区，新建"色彩平衡 1"调整图层，在打开的"属性"面板中选择"阴影"色调，输入颜色值为 –19、0、–7，选择"中间调"色调，输入颜色值为 –22、0、+37。

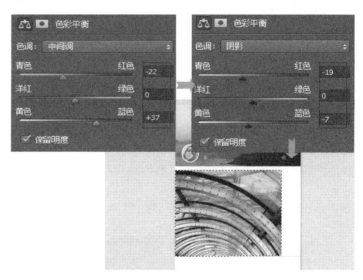

㉓设置"曲线"调整明暗

按下 Ctrl 键不放，单击"色彩平衡 1"图层蒙版，载入选区，新建"曲线 2"调整图层，在打开的"属性"面板中单击并向上拖曳曲线，提亮选区内的图像。

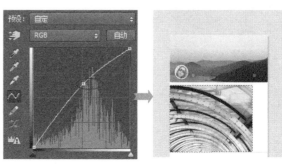

㉔载入选区填充颜色

按住 Ctrl 键不放，单击"曲线 2"图层蒙版，载入选区，单击"创建新图层"按钮，新建"图层 5"图层，设置前景色为黑色，按下快捷键 Alt+Delete，将选区填充为黑色。

㉕编辑图层蒙版

选择"图层 5"图层，降低"不透明度"和"填充"值，添加图层蒙版，选择"渐变工具"，设置前景色为黑色，选择"从前景色到透明渐变"，从图像上方往下拖曳渐变效果。

㉖绘制黑色圆形

选择"椭圆工具"，在选项栏中设置绘制模式为"形状"，填充颜色为黑色，描边颜色为白色，描边粗细为 1 点，按住 Shift 键不放，在建筑图像左下角单击并拖曳鼠标，绘制黑色正圆。

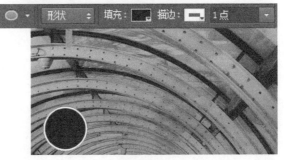

㉗打开并复制图像

资源包中的素材 \15\04.jpg 素材图像，将打开的男性人物图像复制到"椭圆 2"图层上方，得到"图层 6"图层。

㉘创建剪贴蒙版

选中"图层 6"图层，执行"图层 > 创建剪贴蒙版"菜单命令，创建剪贴蒙版，把椭圆外的人物图像隐藏起来。

㉙绘制心形

在 UI 界面中为实现人机交互，必定会有一些小的图标，下面就将进行图标的绘制，设置前景色 R241、G126、B86，选择"自定形状工具"，选择"红心形卡"形状，在建筑旁边绘制心形图案。

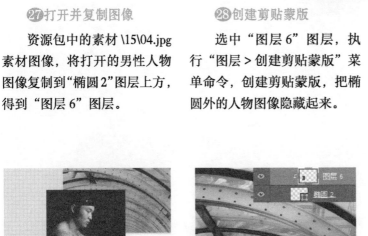

㉚绘制会话形状

绘制了心形图案后，下面将前景色更改为 R133、G210、B197，选择"自定形状工具"，选择"会话10"形状，在心形图案下方绘制不同颜色的会话图案。

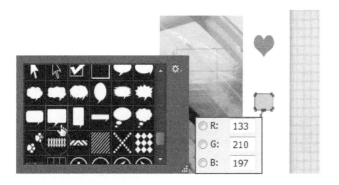

㉛绘制更多图形

继续使用同样的方法，结合图形绘制工具在画面中绘制出更多的小图案效果，呈现更为丰富的版面效果。

㉜打开并复制图像

新建"图 03"图层组，选用"圆角矩形工具"在白色矩形下方再绘制一个圆角矩形，打开资源包中的素材 \15\05.jpg 素材图像，将打开的图像复制到"圆角矩形 3"图层上，创建剪贴蒙版，拼合图像。

㉝载入选区

按下 Ctrl 键不放，单击"圆角矩形 3"图层缩览图，将此图层中的对象作为选区载入。

㉞设置"色彩平衡"

新建"色彩平衡 2"调整图层，打开"属性"面板，选择"中间调"色调，输入颜色值为 +47、0、+12，选择"阴影"色调，输入颜色值为 +17、0、+3，选择"高光"色调，输入颜色值为 +13、0、−5。

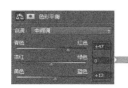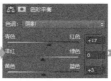

㉟设置属性输入文字

经过前面的设置，完成了图片的添加，接下来要在图片中输入对应的文字，选择工具箱中的"横排文字工具"，执行"窗口 > 字符"菜单命令，打开"字符"面板，在面板中对文字属性进行设置，在 UI 界面中输入"王馨馨"。

㊱更改属性输入文字

打开"字符"面板，更改文字大小和文本后，在"王馨馨"下方再输入景点名称、位置为"福建.鼓浪屿"。

㊲添加更多文字

结合"字符"面板和"横排文字工具"，在界面中输入更多的文字内容。

> **技巧提示：快速打开"字符"面板**
>
> Photoshop 中除了执行菜单命令打开"字符"面板外，也可以单击文字工具选项栏中的"切换字符和段落面板"按钮 ▦，快速打开面板。

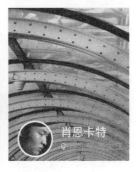

㊳绘制矩形

完成内容的添加后，为了让用户在不同的页面间进行切换，需要添加标签，新建"标签"图层组，设置前景色为 R110、G100、B90，在花朵图像下方单击并拖曳鼠标，绘制矩形。

㊴设置"投影"样式

执行"图层 > 图层样式 > 投影"菜单命令，打开"图层样式"对话框，在对话框中取消"使用全局光"复选框的勾选状态，输入投影"不透明度"为 40，"角度"为 -90，"距离"为 4，单击"确定"按钮，应用样式。

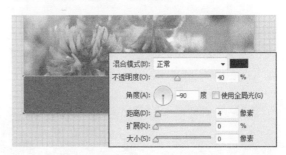

㊵选择并绘制图形

下面要在标签区域添加切换的标志图标，设置前景色 R241、G126、B86，选择"自定形状工具"，在"形状"拾色器中单击"主页"形状，然后在画面中单击并拖曳鼠标，绘制主页图标。

㊶设置"投影"样式

执行"图层 > 图层样式 > 投影"菜单命令，打开"图层样式"对话框，在对话框中取消"使用全局光"复选框的勾选状态，输入投影"不透明度"为 20，"角度"为 90，"距离"为 4，单击"确定"按钮，应用样式。

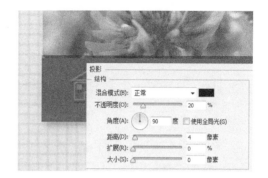

㊷绘制更多界面图标

继续使用 Photoshop 工具箱提供的图形绘制工具，在画面中绘制更多的图形，为界面 1 制作状态栏和导航栏。

Part 03 制作 UI 界面 2

一套完整的 UI 设计往往会包括多个不同的 UI 效果，在下面的小节中，我们将运用图形绘制工具继续在画面中绘制出另一个 UI 界面，然后把图像复制到界面，创建剪贴蒙版，拼合图像，制作出不同视觉效果的 UI 跳转页面。

㉛创建图层组绘制矩形

经过前面的操作，我们完成了主页界面的绘制，接下来是菜单页面的制作，为了统一界面风格，我们采用相近的颜色绘制界面图案，单击"图层"面板中的"创建新组"图层组，新建"界面 2"图层组，设置前景色为 R110、G100、B90，用"矩形工具"在界面 1 旁边绘制一个同等大小的矩形。

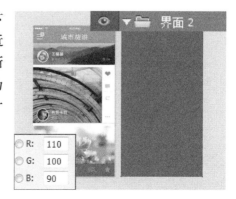

⑫复制图层组

绘制界面背景后，首先要在界面2中添加与界面1相同的状态栏，选择"界面1"图层组中的"状态栏"图层组，将其拖曳至"创建新图层"按钮，释放鼠标，复制图层组，得到"状态栏拷贝"图层组，将此图层组移到"界面2"图层组中的"矩形3"图层上。

⑬绘制圆角矩形

接下来要在界面2中添加内容，新建"内容"图层组，选择"圆角矩形工具"，在选项栏中设置"半径"为25像素，在界面中单击并拖曳鼠标，绘制图形，然后将图形的"填充"值设置为10%。

⑭设置"描边"样式

执行"图层 > 图层样式 > 描边"菜单命令，打开"图层样式"对话框，在对话框中选中"描边"样式，然后设置描边"大小"为2，其他参数不变。

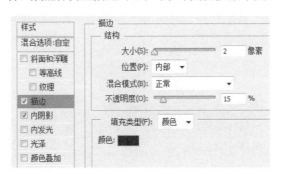

⑮设置"内阴影"样式

在"图层样式"对话框中单击"内阴影"样式，设置"不透明度"为10，"角度"为90，"距离"为2，"大小"为2，取消"使用全局光"复选框的勾选状态，单击"确定"按钮。

⑯选择并绘制自定义图案

应用图层样式，设置前景色R164、G159、B153，选择"自定形状工具"，在"形状"拾色器中单击"搜索"形状，然后在画面中单击并拖曳鼠标，绘制搜索图标。

⓻绘制直线

设置前景色为黑色，单击"直线工具"按钮 ，在选项栏中设置"粗细"为 2 像素，按下 Shift 键不放，单击并拖曳鼠标，绘制水平直线，并将绘制的直线"不透明度"设置为 10%。

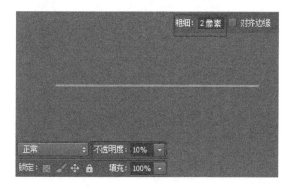

⓼复制直线调整位置

连续按下多次快捷键 Ctrl+J，复制多条同等长度的直线，然后用"移动工具"拖曳这些复制的直线，分别调整各图层中的直线所在位置，得到并排的线条效果。

⓽绘制更多图形

选用 Photoshop 中的图形绘制工具在界面中绘制相应的工具图标。

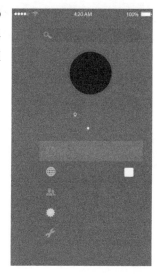

⓾打开并复制图像

打开资源包中的素材 \15\06.jpg 素材图像，将打开的人物图像复制到界面 2 上面，得到"图层 8"图层，按下快捷键 Ctrl+T，打开自由变换编辑框，调整人物图像的大小。

⓫创建剪贴蒙版

执行"图层 > 创建剪贴蒙版"菜单命令，创建剪贴蒙版，隐藏图像，最后使用"横排文字工具"在界面中输入文字，继续使用同样的方法完成更多界面的绘制。

Chapter 16

网页设计

　　作为上网的主要依托，网页因人们频繁地使用网络而变得越来越重要。网页设计主要讲究的是整个页面的排版布局，一个好的网页设计能够使每一个浏览者愉快、轻松地了解网页所提供的信息。因此，在做网页设计时，需要充分考虑网页的用途，针对浏览者群体的特点合理地安排页面中的图像、图形和文字等元素，并遵循网页设计的统一性、连贯性等原则，使得浏览者进入页面后可以浏览到相应的页面内容。

　　本章通过一个典型的设计实例，让读者熟悉网页设计的流程与基本操作方法，学习熟练运用 Photoshop 完成个性化的网站美工设计。

【任务要求】

公司主要以生产、销售品牌运动鞋为主，一直致力于打造都市年轻人青睐的潮流运动鞋。最新研发的休闲男鞋系列是应季必备的选择，同一款式不仅有多种颜色供人选择，同时在样式上也充分考虑了鞋子的舒适性和实用性。本实例根据鞋子的特性进行品牌网页美工设计，在页面美工设计时，不仅要表现鞋子的特点，还要注意页面的统一协调性。

1. 版面要求简洁大方，有自己的特点，便于人们记忆和识别；

2. 有视觉冲击力，醒目易识别，能够充分突出该品牌运动鞋子的特点，能够吸引更多人的注意力；

3. 版面中内容的安排要适合大众的审美观，体现鞋子的实用性。

【提出设想】

1. 本实例中运动鞋主要针对的消费群体是？

2. 什么样的版面才能更吸引消费者的眼球？

3. 采用何种图版率能够激发画面的视觉吸引力和观者的阅读兴趣？

4. 什么样的色彩搭配方案能够让我们要表现的产品更加突出？

5. 如何能让页面简洁又富有设计感，使主页脱颖而出？

【思维导向图】

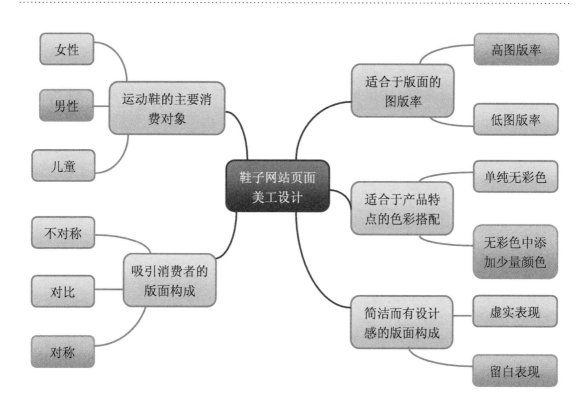

【效果展示】

【制作流程】

【关键知识点】　　　　　　　　　　【实例文件】

◆ 使用图层蒙版选取鞋子图像

◆ 使用"椭圆选框工具"绘制图案

◆ 使用"修补工具"去掉多余图像

◆ 应用剪贴蒙版拼合图像

◆ 使用"色相/饱和度"命令转换色彩

素　材：

资源包 \ 素材 \16\01~07.jpg

源文件：

资源包 \ 源文件 \16\ 网页设计 .psd

【步骤解析】

Part 01 **制作主页背景**

对于网页来讲，背景决定了整个版面的总体风格，本小节中将学习制作一个网页背景图，将准确的背景素材复制到文件中，使用"修补工具"将画面中的多余图像去掉，再调整颜色对背景颜色做简化，设计出灰色调的背景效果。

①新建并复制图像

针对鞋子的消费人群特点进行背景的设置，执行"文件>新建"菜单命令，打开"新建"对话框，在对话框中设置选项后，单击"确定"按钮，新建文件，打开资源包中的素材 \16\01.jpg 素材图像，将打开的图像复制到新建文档中，得到"图层 1"图层，新建"背景"图层组，将"图层 1"移至图层组中。

②去除污点修复图像

选择"修补工具"，在图像中的饰品位置单击并拖曳鼠标，创建选区，再把选区内的图像向左拖曳至右侧的干净背景中，进行图像的修补操作。

③去除污点修复图像

继续使用"修补工具"对图像进行处理，把原图像中间的饰品去掉，得到更为干净的画面效果。

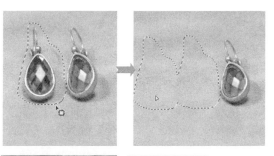

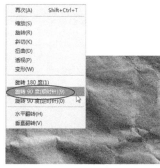

④旋转图像

为了增强图像的质感，需要再为图像添加纹理，打开资源包中的素材 \16\01.jpg 素材图像，把打开的图像复制到新建的文件上，得到"图层 2"图层，执行"编辑>变换>旋转 90 度（顺时针）"菜单命令，旋转图像。

⑤执行"去色"命令

在"图层"中选中"图层2"图层，执行"图像 > 调整 > 去色"菜单命令，去掉图像颜色，将图像转换为黑白效果。

⑥更改图层混合模式

选中"图层2"图层，将此图层的混合模式更改为"叠加"，"不透明度"为40%，混合图像，使纹理融合到背景中。

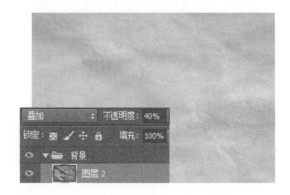

⑦复制图像调整大小

经过前面的操作，可以看到图像的纹理变得更明显了，接着打开资源包中的素材 \16\03.jpg 素材图像，把打开的素材图像复制到新建文件上方，得到"图层3"图层。

⑧编辑图层蒙版

设置前景色为黑色，背景色为白色，选中"图层3"图层，单击"渐变工具"按钮，选择"前景色到背景色渐变"，再单击"径向渐变"按钮，从图像的中间位置向外拖曳渐变效果。

⑨更改图层混合模式

在"图层"面板中选中"图层3"图层，将此图层的混合模式设置为"滤色"，"不透明度"为30%，混合图像。

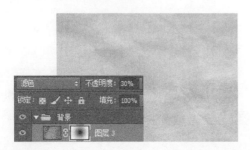

⑩绘制椭圆形选区

单击工具箱中的"椭圆选框工具"按钮，在选项栏中设置"羽化"值为240像素，运用工具在画面中间位置单击并拖曳鼠标，绘制圆形选区。

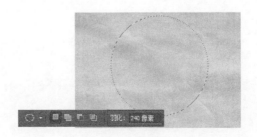

⓫新建"颜色填充"调整图层

创建"颜色填充 1"调整图层，打开"拾色器（纯色）"对话框，在对话框中设置填充色为 R210、G211、B213，单击"确定"按钮，选中"颜色填充 1"调整图层，将此图层的混合模式更改为"叠加"，"不透明度"为 50%。，至此完成背景的制作，用无彩色来衬托要表现的彩色的鞋子。

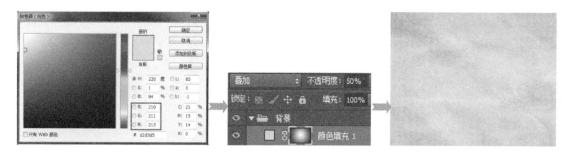

Part 02 在页面中添加鞋子图像

本小节中主要讲解如何在页面中添加上产品介绍图。利用"椭圆选框工具"在画面中绘制柔和的选区，结合滤镜和蒙版功能将鞋子图像添加到画面中间位置，通过调整颜色，设计色彩对比分明的画面效果，添加上合适的文字和图案。

⓵绘制选区填充颜色

选择工具箱中的"椭圆选框工具"，在选项栏中设置"羽化"值为 80 像素，运用工具绘制椭圆形选区，新建"图层 4"图层，设置前景色为白色，按下快捷键 Alt+Delete，将选区填充为白色。

⓶创建剪贴蒙版

执行"文件 > 置入"菜单命令，把资源包中的素材 \16\04.jpg 素材图像置入画面中，并将图层命名为"图层 5"，执行"图层 > 创建剪贴蒙版"菜单命令，创建剪贴蒙版效果。

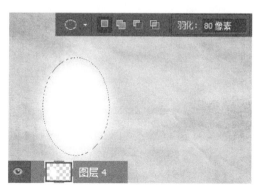

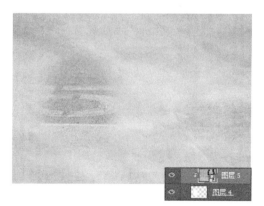

⓷应用"USM 锐化"滤镜锐化图像

为了增强地面的纹理，可以再对图像进行锐化，执行"滤镜 > 锐化 >USM 锐化"菜单命令，打开"USM 锐化"对话框，在对话框中输入"数量"为 50%，"半径"为 69，输入后单击"确定"按钮，锐化图像，让图像上的纹理更加清晰。

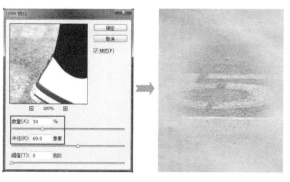

⓸载入选区

按住 Ctrl 键不放，单击"图层 4"图层缩览图，将此图层作为选区载入。

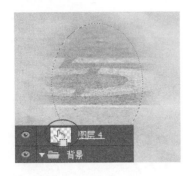

⓹设置"色彩平衡"调整颜色

单击"调整"面板中的"色彩平衡"按钮🔛，新建"色彩平衡 1"调整图层，并在打开的"属性"面板中选择"中间调"色调，输入颜色为 +22、+45、−38，调整中间调颜色。

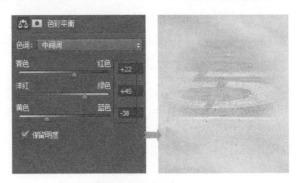

⓺设置"色相 / 饱和度"

按住 Ctrl 键不放，单击"色彩平衡 1"图层蒙版，载入选区，新建"色相 / 饱和度 1"调整图层，并在"属性"面板中勾选"着色"复选框，输入"色相"为 25，"饱和度"为 74，将图像转换为单色调效果。

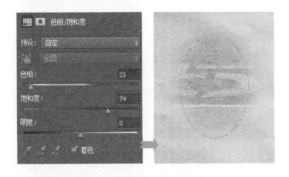

⓻绘制矩形选区

单击工具箱中的"矩形选框工具"按钮，在选项栏中设置"羽化"值为 20 像素，在图像上单击并拖曳鼠标，绘制选区，单击"色相 / 饱和度 1"调整图层，将蒙版选区填充为黑色。

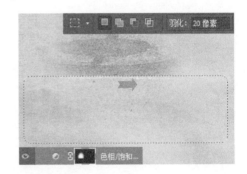

⓼绘制椭圆选区

为了使版面更有吸引力，我们可以设置对称的版面效果，选择"椭圆选框工具"，在选项栏中设置"羽化"值为 80 像素，在右侧再绘制一个椭圆选区，新建"图层 6"图层，设置前景色为白色，按下快捷键 Alt+Delete，填充颜色。

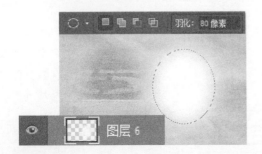

⓽复制图像

为了突出不同颜色的鞋子特点，执行"文件 > 置入"菜单命令，把资源包中的素材 \16\05.jpg 素材图像置入到画面中，并将图像大小调整至合适状态，将置入图层，命名为"图层 7"，叠加夜景图像。

⑩使用"高斯模糊"滤镜模糊图像

执行"滤镜>模糊>高斯模糊"菜单命令,打开"高斯模糊"对话框,在对话框中输入"半径"为5.0,单击"确定"按钮,模糊图像,使原本清晰的图像变得模糊。

⑪创建剪贴蒙版

选中"图层7"图层,执行"图层>创建剪贴蒙版"菜单命令,创建剪贴蒙版效果。

⑫设置"色相/饱和度"

按下Ctrl键不放,单击"图层6"图层,载入选区,新建"色相/饱和度2"调整图层,打开"属性"面板,在面板中输入"饱和度"为-36,再选择"红色"选项,输入"饱和度"为+12,选择"黄色"选项,输入"饱和度"为-23,选择"青色"选项,输入"饱和度"为-66。

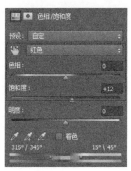

⑬设置"色相/饱和度"

继续对饱和度进行设置,选择"蓝色"选项,输入"饱和度"为-69,设置后返回图像窗口,查看设置饱和度后的图像效果。

⑭设置"色阶"

再次载入相同的椭圆选区,新建"色阶"调整图层,在"属性"面板中的"预设"下拉列表中选择"增加对比度2"选项,增强对比效果。

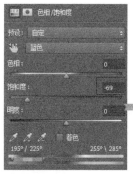

⑮复制图像

完成鞋子背景底纹的设置，接下来需要添加鞋子主商品，打开资源包中的素材 \16\06.jpg 鞋子素材，把打开的鞋子图像复制到新建文件中，得到"图层 8"图层，执行"编辑 > 变换 > 水平翻转"菜单命令，水平翻转图像，然后再对图像的进行缩放和旋转操作，调整图像大小和角度。

⑯设置滤镜锐化图像

执行"滤镜 > 锐化 >USM 锐化"菜单命令，打开"USM 锐化"对话框，在对话框中输入"数量"为 50，"半径"为 5.0，单击"确定"按钮，锐化图像，得到更清晰的鞋子效果。

⑰创建剪贴蒙版隐藏背景

选中"图层 8"图层，单击"图层"面板底部的"添加蒙版"按钮，添加图层蒙版，选择"画笔工具"，设置前景色为黑色，在鞋子以外的背景上涂抹，隐藏鞋子原来的背景。

⑱用"色阶"加强对比

按下 Ctrl 键不放，单击"图层 8"图层蒙版缩览图，载入蒙版选区，新建"色阶"调整图层，打开"属性"面板，在面板中输入色阶值为 53、1.36、234，调整颜色，增强对比效果。

⑲调整色相、饱和度

按下 Ctrl 键不放，单击"色阶 1"图层蒙版缩览图，载入选区，新建"色相 / 饱和度"调整图层，打开"属性"面板，在面板中选择"蓝色"选项，输入"色相"为 -50，"饱和度"为 -18，生成蓝色效果。

⑳盖印选定图层

按下 Ctrl 键不放，依次单击"图层 8"、"色阶 2"、"色相 / 饱和度 3"图层，将这三个图层同时选中，按下快捷键 Ctrl+Alt+E，盖印选中图层，得到"色相 / 饱和度 3（合并）"图层。

㉑执行"水平翻转"操作

选中"色相 / 饱和度 3（合并）"图层，执行"编辑 > 变换 > 水平翻转"菜单命令，水平翻转图像，然后按下快捷键 Ctrl+T，打开自由变换编辑框，再旋转图像制作对称的鞋子效果。

㉒载入选区

按下 Ctrl 键不放，单击"色相 / 饱和度 3（合并）"图层缩览图，将画面右侧的鞋子图像载入到选区之中。

㉓设置"色彩平衡"

单击"调整"面板中的"色彩平衡"按钮，新建"色彩平衡"调整图层，并在"属性"面板中选择"阴影"色调，输入颜色值为 +32、-52、+35，选择"中间调"色调，输入颜色值为 -12、-100、+74。

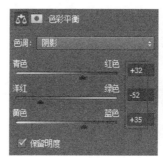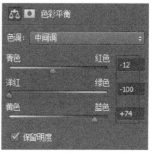

㉔创建"颜色填充"图层

为了表现不同颜色的鞋子效果，再将右侧的鞋子载入到选区，新建"颜色填充 2"调整图层，打开"拾色器（纯色）"对话框，在对话框中输入颜色为 R15、G0、B0，单击"确定"按钮，然后把图层混合模式更改为"颜色"，将鞋子颜色改为咖啡色，与后面的夜晚背景主题更统一。

㉕绘制路径

单击工具箱中的"钢笔工具"按钮 ✐，在鞋子图像下绘制一个封闭的工作路径。

㉖将路径转换为选区

按下快捷键 Ctrl+Enter，或单击"路径"面板中的"将路径作为选区载入"按钮 ⬚，将绘制的路径转换为选区。

㉗设置并拖曳渐变

新建"图层9"图层，选择"渐变工具"，设置前景色为黑色，选择"前景色到透明渐变"，在选区中拖曳渐变效果。

㉘设置"高斯模糊"滤镜模糊图像

选中"图层9"图层，执行"滤镜 > 模糊 > 高斯模糊"菜单命令，打开"高斯模糊"对话框，输入"半径"为8.0，模糊图像，获得更自然的投影效果。

㉙复制投影

按下快捷键 Ctrl+J，复制图层，得到"图层9拷贝"图层，将复制的投影移到另一只鞋子下面。

Part 03 向网页添加图形和文字元素

为了使版面更加完整，在本小节中会使用图形绘制工具在画面中绘制上各种不同形状的图形，在这些绘制的图形旁边添加网页图标的文字信息，完成网站主页的设计。

①绘制圆角矩形

设置好鞋子后，接下来进行网页元素的添加，为了突出鞋子，本设计采用高图版率的表现方式，需要在页面中添加一些小的图标，新建"图标1"图层组，选择工具箱中的"圆角矩形工具"，在选项栏中把"半径"设置为5像素，然后在左侧的鞋子下方单击并拖曳鼠标，绘制灰色的圆角矩形。

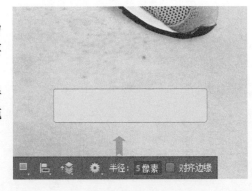

⓶编辑图层蒙版

为"圆角矩形"图层添加蒙版，设置前景色为黑色，选择"渐变工具"，在选项栏中选择"前景色到透明渐变"，单击"线性渐变"按钮▣，从矩形上方向下拖曳渐变效果。

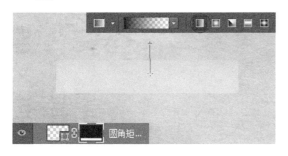

⓸设置"投影"样式

单击"图层样式"对话框中的"投影"样式，展开"投影"样式选项，输入"不透明度"为10，"距离"为5，"大小"为4，输入后单击"确定"按钮。

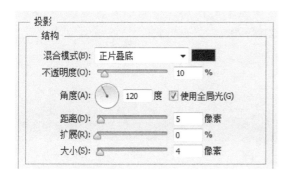

⓹应用图层样式

返回图像窗口中，为绘制的图形添加上"斜面和浮雕"、"投影"样式，得到更有立体感的按钮效果。

⓺复制图形调整形状

选中"圆角矩形1"图层，按下快捷键Ctrl+J，复制图层，得到"圆角矩形1拷贝"和"圆角矩形1拷贝2"图层，再分别调整复制图形的大小和位置，得到重叠的图形效果。

⓷设置"斜面和浮雕"样式

执行"图层 > 图层样式 > 斜面和浮雕"菜单命令，打开"图层样式"对话框，在对话框中选中"斜面和浮雕"样式，设置"深度"为100，"大小"为5，"软化"为2，"角度"为120，阴影"不透明度"为6。

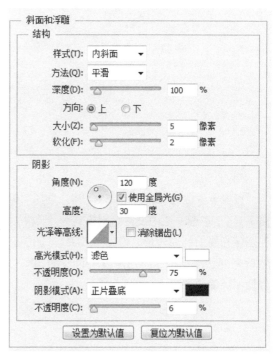

07 绘制更多图形

使用"钢笔工具"在矩形中间继续绘制图形，得到"形状 1"图层，然后把圆角矩形图层中的样式复制到新绘制的图形，按下组合键 Ctrl+J，复制图形，更改位置得到更为丰富的效果。

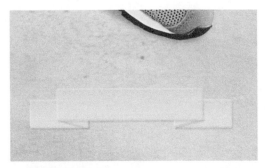

09 绘制四边形

设置前景色为 R255、G255、B0，选择"钢笔工具"，在选项栏中设置绘制模式为"形状"，在图像右侧绘制四边形，得到"形状 2"图层，然后将形状图层的"不透明度"设置为 30%，降低不透明效果。

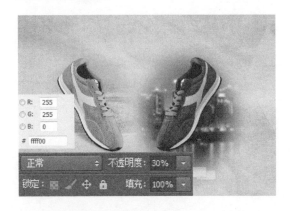

08 复制图层组

选中"图标 1"图层组，将其拖曳至"创建新图层"按钮，释放复制图层组，得到"图标 1 拷贝"图层组，将图层组中的图形移至另一只鞋子下方。

10 复制图形更改颜色

按下组合键 Ctrl+J，复制黄色图形，得到"形状 2 拷贝"图层，然后按下组合键 Ctrl+T，把图形调整至合适大小，用"直接选择工具"选中复制的图形，将图形颜色更改为 R83、G234、B0。

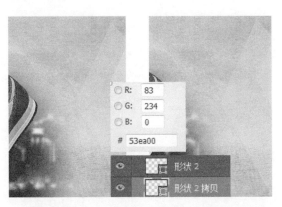

11 复制图形更改颜色

按下组合键 Ctrl+J，复制图形，得到"形状 2 拷贝 2"图层，然后按下组合键 Ctrl+T，把图形调整至合适大小，用"直接选择工具"选中复制的图形，将图形颜色更改为 R0、G170、B180。

技巧提示：更改图形颜色

使用图形绘制工具在画面中绘制图形后，如果需要更改图形填充颜色，可以单击"图层"面板中对应的图层缩览图。

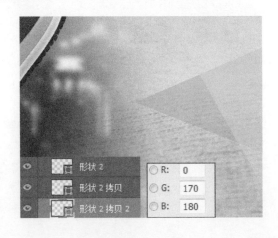

⓬绘制直线

设置前景色为 R150、G150、B150，单击工具箱中的"直线工具"按钮，在选项栏中输入"粗细"为 3 像素，按下 Shift 键不放，单击并拖曳鼠标，绘制直线效果。

⓭复制多条直线

连续按下组合键 Ctrl+J，复制多条直线。根据画面需要分别对直线的长短、颜色进行设置，然后为一部分直线添加蒙版，编辑图层蒙版，创建渐隐的线条效果。

⓮绘制正圆

单击工具箱中的"椭圆工具"按钮，在选项栏中设置模式为"形状"，填充为"无"，描边颜色为 RGB，粗细为 6 点，按下 Shift 键不放，在线条中间位置绘制描圆。

⓯复制圆形

按下组合键 Ctrl+J，复制圆形，用"直接选择工具"选中复制的圆角，在选项栏中将填充颜色设置为 R115、G96、B78，描边颜色为无，更改圆形效果。

⓰绘制图形输入文字

继续使用同样的方法，在画面中绘制更多不同颜色的小圆形图形，再结合工具箱中的图形绘制工具，对网页中的其他图形进行绘制，绘制完成后，使用"横排文字工具"在相应的位置输入少量文字，通过留白的方式使得页面更加简洁、美观。